L'ESPAGNE

IMPRESSIONS & SOUVENIRS

1880 & 1881

Par A. ESCHENAUER

DE LA SOCIÉTÉ D'ANTHROPOLOGIE DE PARIS,
LAURÉAT DE L'ACADÉMIE FRANÇAISE
MEMBRE DES CONGRÈS DE LISBONNE ET D'ALGER
ET DE PLUSIEURS SOCIÉTÉS SAVANTES

PARIS
PAUL OLLENDORFF, ÉDITEUR
28 *bis*, RUE DE RICHELIEU, 28 *bis*
1882

L'ESPAGNE

IMPRESSIONS ET SOUVENIRS

1880 & 1881

OUVRAGES DU MÊME AUTEUR

Conférences, etc., brochures détachées. (*Épuisé.*

Deux Mémoires couronnés par le Comité dominical de Genève.

Échos, poésies, 1 vol. elzévir, papier de Hollande. 6 fr

La Morale universelle (Essai sur l'universalité des principes de la Morale), ouvrage couronné par l'Académie française, 1 vol. grand in-8°. 2e édit. **7 fr. 50**

L'Observation du jour de repos, son principe et ses fruits. Récompensé par le Comité de Genève. 1 fr.

Le Repos hebdomadaire au point de vue hygiénique. Couronné par le Comité de Genève. 1 fr.

L'ESPAGNE

IMPRESSIONS & SOUVENIRS

1880 & 1881

Par A. ESCHENAUER

DE LA SOCIÉTÉ D'ANTHROPOLOGIE DE PARIS
LAURÉAT DE L'ACADÉMIE FRANÇAISE
MEMBRE DES CONGRÈS DE LISBONNE ET D'ALGER
ET DE PLUSIEURS SOCIÉTÉS SAVANTES

PARIS
PAUL OLLENDORFF, ÉDITEUR
28 *bis*, RUE DE RICHELIEU, 28 *bis*
1882

AVANT-PROPOS

« Eh quoi! encore un livre sur l'Espagne! Après Théophile Gautier, Edgar Quinet, A. de Latour, Dollfus, de Amicis, Borrow, Stanley, Botkine, et tant d'autres, de tous pays! En vérité, y songez-vous? »

Pardon, lecteur, je n'ai pas la prétention de faire oublier aucun de mes devanciers. Mais je n'ai pas davantage celle de les imiter. C'est *mon* voyage que je vous offre; c'est la relation personnelle, passablement accidentée, — j'aurais dit *incidentée*, si l'Académie autorisait cette acception, — d'une, de deux tournées entreprises dans des circonstances exceptionnellement favorables pour bien voir, et pour mêler aux descriptions et aux récits des rencontres, des entretiens et des anecdotes qui m'ont paru caractéristiques. Je prends la liberté de vous inviter à voyager avec moi à l'occasion de deux Congrès qui m'ont valu, entre autres avantages, une société dont vous n'aurez pas à vous plaindre.

Et puis, n'oubliez pas, je vous prie, que si, au dire de Pascal, « l'humanité est un homme qui marche et grandit toujours, » les peuples, eux aussi, marchent et grandissent, et que l'Espagne de 1881 n'est plus tout à fait celle de 1840.

Enfin, si d'autres ont, depuis 1840 jusqu'à aujourd'hui, entrepris de dépeindre l'Espagne, je peux avoir vu ce qu'ils n'ont pas vu, et tous nous devons concourir à la mieux faire connaître. Elle le mérite. Je vais, pour mon compte, m'y essayer; et, sans autre préambule, j'entre en matière, heureux si vous voulez bien m'accompagner jusqu'au bout.

L'ESPAGNE

IMPRESSIONS ET SOUVENIRS

1880 & 1881

PAR

A. ESCHENAUER

Lauréat de l'Académie française, membre de la Société d'anthropologie
et autres sociétés savantes.

DEUXIÈME ÉDITION

PARIS

LIBRAIRIE FISCHBACHER

SOCIÉTÉ ANONYME

33, RUE DE SEINE, 33

1884

L'ESPAGNE

IMPRESSIONS ET SOUVENIRS

1880 & 1881

OUVRAGES DU MÊME AUTEUR

Échos, poésies, 1 vol. elzévir, papier de Hollande. 6 fr.

La Morale universelle (Essai sur l'universalité des principes de la Morale), ouvrage couronné par l'Académie française, 1 vol. grand in-8°, 2e édition. **7 fr. 50**

L'Observation du jour de repos, son principe et ses fruits. Récompensé par le Comité de Genève. **1 fr.**

Le Repos hebdomadaire au point de vue hygiénique. Couronné par le Comité de Genève. **1 fr.**

PARIS. — IMP. DE Ve P. LAROUSSE ET Cie, RUE MONTPARNASSE, 19.

L'ESPAGNE

IMPRESSIONS ET SOUVENIRS

1880 & 1881

PAR

ESCHENAUER

Lauréat de l'Académie française, membre de la Société d'anthropologie
et autres sociétés savantes.

DEUXIÈME ÉDITION

PARIS

LIBRAIRIE FISCHBACHER

SOCIÉTÉ ANONYME

33, RUE DE SEINE, 33

1884

AVANT-PROPOS

« Eh quoi ! encore un livre sur l'Espagne ! Après Théophile Gautier, Edgar Quinet, A. de Latour, Davillier, de Amicis, Borrow, Stanley, Botkine, et tant d'autres, de tous pays ! En vérité, y songez-vous ? »

Pardon, lecteur, je n'ai pas la prétention de faire oublier aucun de mes devanciers. Mais je n'ai pas davantage celle de les imiter. C'est *mon* voyage que je vous offre ; c'est la relation personnelle, passablement accidentée, — j'aurais dit *incidentée*, si l'Académie autorisait cette acception, — d'une, de deux tournées entreprises dans des circonstances exceptionnellement favorables pour bien voir, et pour mêler aux descriptions et aux récits des rencontres, des entretiens et des anecdotes qui m'ont paru caractéristiques. Je prends la liberté de vous inviter à voyager avec moi à l'occasion de deux Congrès qui m'ont valu, entre autres avantages, une société dont vous n'aurez pas à vous plaindre.

Et puis, n'oubliez pas, je vous prie, que si, au dire de Pascal, « l'humanité est un homme qui marche et grandit toujours, » les peuples, eux aussi, marchent et grandissent, et que l'Espagne de 1881 n'est plus tout à fait celle de 1840.

Enfin, si d'autres ont, depuis 1840 jusqu'à aujourd'hui, entrepris de dépeindre l'Espagne, je peux avoir vu ce qu'ils n'ont pas vu, et tous nous devons concourir à la mieux faire connaître. Elle le mérite. Je vais, pour mon compte, m'y essayer; et, sans autre préambule, j'entre en matière, heureux si vous voulez bien m'accompagner jusqu'au bout.

ERRATA

Page 19.	Au lieu de :	*novios,*	lisez :	*novillos.*
Page 26.	»	*vamos,*	»	*cobardo.*
»	»	*vacca,*	»	*vaca.*
»	»	*helosa,*	»	*helada.*
40	»	*gubernacion,*	»	*gobernacion.*
»	»	*cabalieros,*	»	*caballeros.*
90	»	*novembre,*	»	*septembre.*
118	»	*esta,*	»	*es.*
125	»	*Goyarre,*	»	*Gayarre.*
131	»	*Falgua,*	»	*Fraga.*
224	»	*tengamo,*	»	*tenemos.*
231	»	*antiqua,*	»	*antigüedad.*
267	»	*Soles,*	»	*Sueles.*
273	»	*Nostra Signora,*	»	*Nuestra Señora.*
»	»	*Populo,*	»	*Pueblo.*
276	»	*guardo,*	»	*guarde.*
291	»	*Hierra,*	»	*Fierro.*
296	»	*me che tiengo mucho,*	»	*Mi qui tengo mucha.*
»	»	*riccissimo,*	»	*riquisimo.*

298 au dernier vers, lisez :

L'ont-ils bien retracé ?

317 au bas de la page, lisez :

La Civilisation !
Voilà notre bannière :
Prends, jeune nation,
Ton rang dans la carrière.

319, au lieu de : *au teint*, lisez : *au sein*.

Extrait du Catalogue.

Azeline. *Carnet d'un touriste.* 1 vol. in-12 .... 3 50

Belly (F.). *A travers l'Amérique centrale.* Le Nicaragua et le canal interocéanique. 2 vol. in-8° .. 12 fr.

Berlepsch (H.-A.). *Les Alpes.* Descriptions et récits, avec dessins de Rittmeyer. 1 vol. gr. in-8°. 10 fr.

Bost (J.-A.). *Souvenirs d'Orient.* — Damas, Jérusalem, Le Caire. 1 vol. in-8° .... 4 fr.

Branda (Paul). *Autour du monde.* 1 vol. in-12 .... 3 50
— *Lettres d'un marin.* 1 v. in-12 3 50
— *Les trois caps.* Journal de bord. 1 vol. in-12 .... 3 50

Bremer (Frederika). *Scènes de la vie dalécarlienne.* 1 vol. in-12 .. 3 50

Casalis (Eug.). *Mes souvenirs.* 1 vol. in-12 .... 3 50

Castelar (Emilio). *L'art, la religion et la nature en Italie.* 2 v. in-12. 7 fr.

Coquerel (Ath.). *La Galilée.* Feuillets détachés d'un carnet de voyage. 1 vol. in-12, avec portrait .. 2 fr.

Coquerel (Ch.). *Lettres d'un marin à sa famille.* 1 vol. in-12 ...... 3 50

Durier (Ch.). *Le Mont-Blanc.* 1 vol. gr. in-8°, illustré de 15 gravures hors texte et de deux cartes. — *Ouvrage couronné par l'Académie* .... 16 fr.
— Le même ouvrage, 3e édition. 1 v. in-12, avec 1 carte, sans grav. 3 50
— *Histoire du Mont-Blanc.* Conférences. 1 vol. in-12 .... 1 50

Eschenauer (A.). *L'Espagne.* — Impressions et souvenirs. 1880-1881. 1 vol. in-12 .... 3 50

Gellion-Danglar (Eugène). *Lettres sur l'Égypte contemporaine.* 1 vol. in-12 .... 3 50

Higginson (T. M.). *Vie militaire dans un régiment noir.* — Aventures et pages intimes. 1 vol. in-12. 3 50

Levallois (Jules). *L'année d'un ermite.* 1 vol. in-12 .... 3 50
— *Mémoires d'une forêt.* — *Fontainebleau.* 1 vol. in-12 .... 3 fr.

Meunier (Mme Hippolyte). *Entretiens familiers sur la géographie de la France.* 1 vol. in-12, avec 14 cartes hors texte tirées en couleur, dessinées par J. Hansen, et de nombreuses grav. 1 v. in-12. 2 fr.

Meylan (A.). *A travers les Espagnes.* 1 vol. in-12 .... 3 fr.
— *A travers l'Herzégovine.* 1 vol. in-12 .... 3 fr.
— *A travers les Russies.* 1 vol. in-12 .... 3 fr.

Moltke (Maréchal de). *Lettres sur l'Orient,* traduites de l'allemand par Alfred Marchand. 1 v. in-12. 3. 50
— *Lettres sur la Russie,* traduites de l'allemand par Alfred Marchand. 1 vol. in-12 .... 2 fr.

Pressensé (E. de). *Le pays de l'Evangile.* — Notes d'un voyage en Orient. 1 vol. in-12, avec une carte. 3 fr.

Puaux (Frank). *Les Bassoutos.* In-8° .... 1 fr.
Quatre ans chez les Achantis. Journal de MM. Ramseyer et Kuhne pendant le temps de leur captivité. 1 vol. in-12 avec gravures et cartes. 5 fr.

Ruhierre (X. Henri). *Géographie militaire de l'Empire d'Allemagne,* trad. de l'allemand. 1 v. in-12. 3 50

Saussure (H. B. de). *Voyage dans les Alpes.* Partie pittoresque, 4e édition augmentée des voyages en Valais, au Mont-Cervin et autour du Mont-Rose. 1 vol. in-12 .... 3 50

Tschudi (F. de). *Le monde des Alpes.* — Description pittoresque des montagnes de la Suisse et particulièrement des animaux qui les peuplent. 2e édit. illust. par W. Georgy et E. Rittmeyer. Traduction autorisée sur la 8e édit. originale, par B. Bourrit. 1 vol. in-8° .... 16 fr.

Voulot (F.). *Les Vosges avant l'histoire.* — Etude sur les traditions, les institutions, les usages, les idiomes, les armes, les ustensiles, les habitations, les cultes, les types de race des habitants primitifs de ces montagnes. Résumé de leurs travaux découverts, décrits, dessinés et gravés par l'auteur. 1 vol. in-fol., avec planches lithographiées sur papier de Chine .... 60 fr.

Vulliet (A.). *Scènes et aventures de voyage.* 5 vol. in-12 .... 10 fr.

Paris. — Imprimerie de Ve P. Larousse et Cie, rue Montparnasse, 19.

L'ESPAGNE

A PROPOS DE DEUX CONGRÈS

IMPRESSIONS & SOUVENIRS

INTRODUCTION

Dès le printemps de 1880, quelques amis et confrères, hommes de lettres ou anthropologistes, m'ayant prévenu du projet de réunir, à Lisbonne, dans le courant de l'année et au même temps, deux congrès internationaux, l'un archéologique, l'autre littéraire, m'invitaient à m'y rendre, en me promettant monts et merveilles au sujet de l'accueil qui devait nous être fait. On avait parlé d'abord du mois de juin. Le gouvernement devait, disait-on, mettre à notre disposition une frégate partant du Havre. On comprit bientôt que ce mois n'était guère de saison dans un pays aussi chaud que le Portugal ; que d'ailleurs le temps des vacances serait de tous points plus favorable, et l'on fixa au 20 septembre la date de l'ouverture des séances. Pour plus de facilités, afin d'éviter l'encombrement à bord d'un navire et les malaises dont plus d'un pouvait s'effrayer, avec la perspective d'une traversée de quatre jours, on s'accorda avec les compagnies de chemin de fer qui, toutes, offrirent aux membres souscripteurs 50 % de réduction sur le parcours. Il faut reconnaître que cette libéralité bien entendue n'a pas médiocrement contribué à l'empressement avec lequel, de tous les points de l'Europe, MM. les congressistes ont, malgré leur éloignement, répondu au cordial appel de Lisbonne, cette ville superbe, admirablement située près de l'embouchure du Tage, à l'extrémité de notre vieux continent, mais à portée de tant de champs d'observation intéressants pour les amis des sciences préhistoriques.

Quant à moi, outre l'attrait puissant que présente toujours un concours nombreux d'hommes distingués par leur savoir ou par leur urbanité, j'avais d'autres motifs pour caresser l'idée d'un pareil voyage. Et d'abord, j'éprouvais un besoin impérieux, irrésistible de changement, de distraction. Paris lui-même, avec toutes ses splendeurs et ses ressources, Paris..., et bien d'autres choses encore, me pesaient. Puis j'y étouffais de chaleur, après un joli séjour en Normandie, à Cabourg et à Roncherolles, près Bolbec. Enfin je désirais voir l'Espagne, étendre un peu le cercle de mes connaissances et même rêver au sein de grands souvenirs.

La veille de mon départ, j'allai voir le docteur Magitot, mon voisin et ami, suppléant, alors, à la Société d'anthropologie, notre éminent et regretté secrétaire général, le docteur Paul Broca, mort avant l'âge, le 9 juillet 1880; il devait jouer un rôle important au Congrès, et j'étais bien aise de recueillir ses avis. Il me conseilla fortement de me munir d'un passeport diplomatique, afin de pouvoir circuler plus librement. Il était trois heures et demie, j'avais juste le temps de me rendre au ministère des Affaires étrangères, où, grâce à de bonnes relations, ma requête fut fort bien accueillie. Me voilà donc, outillé de toutes pièces, partant pour Bordeaux, et sans m'endormir dans les délices de *Capoue*-Camponac, où je m'arrêtai quelques jours à la campagne de mon frère, je me décidai de plus en plus au voyage projeté. Amant passionné de la mer, je fus un moment tenté de prendre, à Bordeaux, un des magnifiques paquebots transatlantiques, véritables palais flottants, qui vous portent en trois jours à Lisbonne. Mais d'abord, ce vapeur ne partait que le 20 septembre; ensuite,

Que ne peut la frayeur sur l'esprit des mortels !

on me présenta un Mathieu de la Drôme annonçant, « du 20 au 24, une mer démontée dans le golfe de Gascogne et au sud, etc., » on me mit en garde contre les traversées en temps d'équinoxe, contre les retards possibles, etc. Je me décidai prosaïquement pour le plancher des vaches, et pris, un beau matin, à huit heures un quart, à la station de Pessac, près Camponac, un billet pour Madrid, train *rapide* : c'était encore vingt-quatre heures.

CHAPITRE PREMIER

MADRID

Ce ne fut pas sans une certaine émotion que, même après tant de voyages en Allemagne, en Angleterre, en Belgique, en Hollande, en Suisse et en Italie, je me mis en route pour la belle inconnue. A peine avais-je, dans ma jeunesse, mis le pied en Espagne, après le passage grandiose du Port de Venasque, sous l'œil imposant de la Maladetta. Et déjà Bosost, ce hameau pyrénéen-espagnol, m'avait laissé quelques impressions fâcheuses. Je voyais encore sur la pente escarpée, rocailleuse qui y conduit, le cheval, un bon tarbais pourtant, de mon compagnon de plaisir glisser, tomber lourdement, et mon ami roulant sur les pierres, contusionné, saignant. Je voyais ce dernier, — et j'eus quelque peine à le relever, lui qui, bon cavalier d'ailleurs, avait, maintes fois, en Algérie où il était magistrat, échappé aux bêtes fauves, grâce à la vitesse de son coursier, — entrant péniblement, comme un don Quichotte meurtri par les moulins à vent, dans la *posada* enfumée où je le fis soigner. Un vulnéraire, composé de vinaigre et de plantes aromatiques, qui avait sans doute servi à panser bien d'autres blessures, fit, il est vrai, merveille : mais quel étrange intérieur que celui où bêtes et gens gîtaient ensemble pêle-mêle, dans la plus parfaite intimité, au sein des parfums les moins odoriférants et des bestioles les plus gênantes ! Quelle saleté ! pour dire le mot propre. Et puis, je venais de relire Th. Gautier (*Tras-los-Montes*), — et on n'a jamais su pourquoi l'auteur a adopté ce titre portugais pour un voyage en Espagne, — et Edgar Quinet (*Mes Vacances en Espagne*), qui m'avaient charmé autrefois, le premier par ses peintures ensoleillées, le second par ses réflexions philosophiques. Or, quel qu'ait été l'enthousiasme de ces deux écrivains de race pour la pittoresque et chevaleresque Espagne, certains traits de mœurs, certains faits peu rassurants me hantaient l'esprit. Un pays des plus accidentés, me disais-je, clairsemé d'habitants (16 millions environ pour un territoire à peu près égal à celui de la France), où le brigandage en petit comme en grand, les coups de main et les guerres de partisans étaient, il n'y a pas si longtemps, considérés comme une profession ou comme un passe-temps, pouvait bien, même en chemin de fer, offrir encore quelques petits inconvénients.

Je ne tardai pas d'en avoir la preuve, sinon l'expérience : car, je me hâte de le dire, je n'aurai, moins fortuné à cet égard que Gautier et Quinet, à raconter ici, quelle qu'en fût votre envie, ami lecteur, aucune attaque ni diurne ni nocturne. Nous venions de traverser la Bidassoa, cette rivière légendaire et charmante, témoin de tant de luttes, qui sépare les deux pays, et non sans jeter du beau pont, moitié français moitié espagnol, qui en relie les bords, un regard vers la petite île des Faisans, fameuse dans l'histoire. J'étais à Irun, en Espagne, en face d'Espagnols pur sang, avec mon mince, mon très mince bagage d'espagnol. Bien que le chef de gare et les employés des guichets parlassent plus ou moins le français, je dus paraître quelque peu embarrassé, car un monsieur, jeune encore, qui se débrouillait à merveille et que j'avais pris pour un Espagnol, à son type et surtout à sa dextérité d'élocution, m'aborda fort obligeamment, et m'offrit, en excellent français, de me venir en aide. Parlez-moi de ces voyageurs intelligents, qui savent observer, causer, s'instruire, instruire et obliger ; de ces voyageurs enfin qui vous dédommagent de tant d'autres, égoïstes, ignorants ou blasés, circulant comme un sac de nuit et s'enfermant dans leur mutisme impénétrable ou dans leur couverture de voyage, ainsi qu'une chrysalide... On sait ce que Sterne pensait de ces oiseaux-là... Mon homme était Français, agent consulaire à Cordoue, où il représente une importante société métallurgique qui exploite des mines de fer et de plomb argentifère. Il s'assit à mon côté et me combla de prévenances aux gares, aux changements de trains, aux buffets, qui, somme toute, ne sont pas mauvais ; il me donna une bonne leçon d'espagnol. Or, savez-vous ce qu'il m'apprit, en matière de conversation, tandis que, passé les pittoresques stations de Pasages, de Saint-Sébastien, d'Hernani, de Tolosa, la capitale du Guipuscoa, à travers une multitude de travaux d'art fort remarquables, en plein pays de montagnes abruptes, nous approchions de Victoria, capitale de la province d'Alava, et que la nuit épaississait ses voiles? « Il y a peu de jours, me dit-il, une bande de brigands a fait dérailler un train non loin de Madrid. Heureusement, les quelques gendarmes qui l'accompagnaient n'ont pas perdu la tête. Ils ont, payant d'audace et appuyant leur commandement de bons coups de fusil, feint de mettre en mouvement une troupe nombreuse de soldats, et les assaillants ont pris la fuite. — Eh! c'est rassurant; espérons que nous n'aurons pas à recommencer. Mais le moyen de ne pas prendre en pitié, même malgré soi, ces misérables au sens moral oblitéré, chassés par la faim, comme le loup du bois, et environnés de si bons modèles, par les *Cabecillas* (chefs des guérillas), par les Prétendants mêmes, sans cesse renaissants dans ce bienheureux pays? Que n'a pas fait tout récemment encore, le fameux don Carlos, ce Bourbon condottiere! »

A ce nom, les oreilles d'une jeune femme, sèche comme une allumette, vive comme la poudre, mobile comme le vif-argent, assise, avec la nourrice portant son baby, en face de nous, se dressèrent, et un demi-sourire indiqua qu'elle désirait comprendre ce que nous disions. M. L. s'en aperçut, et, lui adressant la parole : « La Señora es Española ? — Non, fit-elle avec toute l'indignation d'un partisan zélé et avec un fort accent de terroir ; je suis Biscayenne. — Eh bien, voici, ajouta-t-il, traduisant ma pensée, ce que disait Monsieur. — Quoi ! il parlait mal de don Carlos ! Mais il est notre roi légitime... il est vrai qu'il nous oublie à courir les femmes à Paris. — Mais, Madame, que faisait-il avant, s'il vous plaît? — Oh ! ce n'était pas la même chose, c'étaient des Biscayennes. » La conversation prenait un bon tour ; elle excita à un haut degré l'attention de nos voisins, Russes de distinction, qui, rassemblant à eux quatre toutes leurs bribes d'espagnol, se lancèrent à corps perdu dans l'entretien si bien commencé. C'était assez drôle, et le fou rire de la Señora allait redoublant, quand, par malheur, j'essayais de placer mon mot castillan, ce que je faisais pour la toute première fois de ma vie, et devant l'imposant aréopage que vous voyez. Mais le plus amusant de toute l'affaire c'était bien assurément ce petit corps de femme émoustillée. On aurait dit un cabri grisé de sel, de salpêtre. De confidence en confidence, elle en vint à nous apprendre que son mari était à Londres, représentant d'une *grande* Compagnie espagnole, et qu'elle s'en allait « à Madrid confier son enfant à une parente qui lui donnerait une bonne nourriture et une bonne éducation. » — « Décidément, me glisse mon nouvel ami dans le tuyau de l'oreille, elle en tient. » Quant à l'éducation — biscayenne ou espagnole — elle était passablement mal commencée. Je n'ai jamais rencontré un nourrisson aussi agité, aussi dévorant, aussi... allant ou fuyant, comme on voudra : un vrai tube ! — De toute la nuit, — et c'est à peine si je fermai l'œil, grâce à mon charmant vis-à-vis, — il ne cessa d'assiéger sa nourrice, qui l'avait pourtant richement abreuvé de jour, l'avait mollement couché sur une banquette, tandis que, se tordant de fatigue et de sommeil, elle se laissait glisser à nos pieds, pour mieux s'étendre. Le lendemain, après une nuit très fraîche, malgré l'excessive chaleur de la veille, nous éprouvâmes, d'un commun accord, le besoin d'ouvrir les vasistas, pour respirer un air et des parfums nouveaux. Le fou rire avait gagné notre quatuor russe, et surtout madame la colonelle L., qui, toutes les fois que l'enfant criait au sein, me détachait un regard d'un malin assez réjouissant.

J'oubliais de dire, dans l'intérêt des voyageurs affamés, que la veille au soir, à sept heures nous avions eu à Miranda, un dîner convenable au buffet tenu par un couple français fort obligeant.

A cinq heures du matin (nous avions passé de nuit à Burgos et à Valladolid, et nous y reviendrons longuement), nous faisions escale à Avila. Il fallait bien, à cet embranchement important, laisser aux différents trains le temps de prendre chacun sa direction. Et à ce propos, ami lecteur, ne soyez ni surpris ni effrayé, quand, voyageant en Espagne, même en train *direct*, vous vous verrez stationnant un temps plus ou moins long non seulement aux villes principales, mais encore en pleine campagne, parfois en une contrée aride, désolée, où vous n'apercevez ni arbre ni cabane... et cela dans un pays où, à part les *sierras* rocheuses (les *scies* de montagne) qui le zèbrent de l'est à l'ouest, il n'y aurait qu'à se baisser, à gratter et à fouiller, pour arracher au sol des trésors de toutes sortes. Remarquez, je vous prie, que la voie ferrée, plus large qu'en France, par mesure stratégique, est simple, unique, et que, de loin en loin seulement elle se dédouble, afin de livrer passage au train venant en sens opposé. Il faut donc que le premier arrivé attende patiemment, ce qui n'est ni amusant ni expéditif. Vous mettez dix-neuf heures pour franchir les 631 kilomètres qui séparent Irun de Madrid. Il en faudrait, à part les fortes rampes qui sont fréquentes, dix avec la vitesse du *rapide* de Paris-Bordeaux. N'importe, soyez tranquille et ne vous plaignez pas trop : on évite fort bien les rencontres et on n'avance pas mal. Nous arrivons donc, un dimanche matin, à cinq heures à Avila, antique et très curieuse petite ville de 10,000 habitants environ, située sur le plateau de la Guaderrama, à une altitude de 1,132 mètres et à la distance de 113 kilomètres de Madrid. Nous avons le temps de dégourdir nos jambes, d'observer le pittoresque paysage avec sa population en fête, et même de déjeuner à l'espagnole. Des garçons promènent sur le quai de jolis petits plateaux portant une tasse microscopique de chocolat crémeux, deux ou trois biscuits fondants et un grand verre d'eau laiteuse, nuance que lui donne le *azucarillo*, ou sucre ponce, poreux et très léger, dont on fait grand usage par toute l'Espagne. Je fais comme tout le monde et m'apprête à siroter « le meilleur chocolat qui soit au monde. » O douleur ! un vilain goût de cannelle enfarinée s'attache à mon palais pour toute la journée. Ici n'imitons pas certain voyageur qui, pour avoir trouvé une fille rousse à son auberge, écrivait d'un ton sentencieux : « Dans ce pays, toutes les femmes sont rousses. » Non, le chocolat est généralement bon en Espagne. Le fait que je signale prouve seulement qu'on peut le rencontrer plus ou moins approprié au goût français.

A partir d'Avila, patrie de sainte Thérèse et ville très cléricale, où on ne cesse de monter, tantôt par des tunnels (il y en a dix-sept qui présentent ensemble une longueur de 4,428 mètres), tantôt par des remblais considérables (l'un d'eux a 45 mètres d'élévation), jusqu'au point culminant de la ligne, au tunnel de Cañada, à 80 kilomètres de Madrid, qui traverse la montagne à l'altitude fort respectable de 1,369 mètres. Il faut aller en Suisse pour rencontrer des chemins de fer aussi haut perchés. Puis on descend. On arrive, à huit heures, à l'Escorial, le fameux palais du trop fameux Philippe II, dont la masse est imposante, mais peu récréative, et que nous visiterons en revenant. Au bas de l'éminence que couronne cet immense édifice adossé aux monts, s'étend, contre la voie, un village coquet dont la grande fabrique de chocolat Lopez, fait toute la prospérité. Passé Pozuelo, l'Asnières de Madrid, moins la Seine et ses canotiers, on arrive enfin à la capitale de toutes les Espagnes, — et il ne faut pas méconnaître la valeur de ce terme, car il y a plusieurs capitales particulières selon les provinces et les traditions. — De loin la ville se présente sous un bel aspect, quoiqu'en une contrée rocailleuse et dénudée qu'elle domine. Elle n'est plus qu'à une altitude de 595 mètres, ce qui est d'ailleurs bien suffisant pour expliquer les brusques variations de température, surtout après le coucher du soleil. Tout le monde a entendu parler de ce petit vent âpre et sec « qui n'éteint pas une bougie et qui tue son homme. »

Il était neuf heures du matin, que nous débarquions à la gare du Nord, de pauvre apparence, au milieu d'une escouade de gendarmes de fort bonne mine. Le service s'y fait avec une noble lenteur. J'ai tout le temps de faire, dans l'omnibus même qui va nous porter à la *Puerta del Sol*, et en attendant nos bagages, la connaissance de plusieurs congressistes étrangers, entre autres de deux aimables Italiens, professeurs l'un à Turin, l'autre à Pavie. Nous arrivons enfin, traversant sur un beau pont le *Manzanarès*, rivière à sec que l'on cherche, à la *fonda de la Paz* (hôtel de la Paix), fort bien situé et proprement tenu par un Français, M. Capdevielle. Un bon bain dans une baignoire de marbre gigantesque et un excellent déjeuner me remettent de ma fatigue. On m'annonce, pour trois heures, une grande et brillante course de taureaux. On fait sonner les noms des *espadas* Frascuello, Raphaello. Le factotum de l'hôtel m'offre un billet de premières, à la *sombra*, à l'ombre. J'en frissonne, car, malgré les brillantes peintures, l'enthousiasme même de Gautier et de Quinet pour ce spectacle tout espagnol, j'y répugne instinctivement. Cependant, me dis-je, c'est un trait de mœurs, s'il en fut ; c'est par moi-même que j'en dois juger, et un vaste champ d'observations va se dérouler sous mes yeux ; car toute la ville est en mouvement, et bientôt treize à quatorze mille personnes vont remplir l'enceinte du *Toros*, bel édifice construit depuis trois ans, à l'extrémité du *Buen Retiro*, en dehors de la ville. L'ancien était près du Prado. La *Puerta del Sol*, place demi-circulaire de 200 mètres de long, vaste et imposante enceinte où convergent les rues principales de Madrid, avec un superbe jet d'eau au centre, regorge de monde, d'équipages, de cavaliers, d'omnibus, de cacolets, de chars à bancs de toutes les formes et de toutes les grandeurs, quelques-uns de ces véhicules attelés de six et même de huit mules, harnachées à l'andalouse, avec une multitude de grelots, de houppes, de cordons de laine aux couleurs les plus vives, où celles du drapeau national, le rouge et le jaune, dominent. Je réussis à me jucher sur l'un des plus pittoresques de ces véhicules qui nous emmène, moyennant 3 *réaux* ou 75 centimes, ventre à terre, au risque d'arriver avant nous et en morceaux, tout en évitant fort adroitement les obstacles. Chemin faisant, j'admire les *via de l'Alcala*, avec sa curieuse église des Chevaliers d'Alcantara (*San Jose*), le fameux Prado, l'Arc de triomphe de Charles III, le *Buen Retiro* et les beaux équipages, les magnifiques chevaux, arabes ou andalous. Nous arrivons enfin au *Toros*, vaste cirque découvert, de style moresque, tout de pierre, de brique et de fer, mesurant un diamètre de 60 mètres. Toutes les places en sont numérotées et se payent de 1 à 5 francs. La loge du roi est vitrée. Toute la famille royale (c'est pour elle une condition de popularité), sauf la jeune reine, mère depuis peu, y était. Je n'entreprendrai pas un tableau complet. Il a été fait tant de fois ! Fidèle à mon plan, je ne tenterai qu'une esquisse, je traduirai quelques impressions personnelles; je voudrais surtout arriver à une appréciation impartiale et calme de la moralité de ce spectacle émouvant entre tous. Il offre, il faut l'avouer, bien des côtés séduisants : une mise en scène grande et noble, des costumes éblouissants, des poses d'une plastique achevée, des péripéties sans nombre, tantôt amusantes, tantôt poignantes. C'est un rude et sanglant combat où le sang-froid, l'adresse, la force et le courage de l'homme se trouvent en présence de l'emportement sauvage, de la rage aveugle de la brute, que l'on sait condamnée d'avance et qui, par là même, intéresse péniblement comme une victime innocente de la soif du plaisir. L'entrée dans l'arène, au son des fanfares, de tous les *toreros* (on désigne de ce nom général tous ceux qui prennent part à la lutte, et nous allons les voir à l'œuvre), marchant deux à deux, d'un pas lent et cadencé, les *espadas* en tête, est imposante. L'*alguazil* qui les précède, à cheval, tout vêtu de noir avec son grand chapeau de feutre à plume, allant demander à l'*alcade* les clefs du *toril* ou belluaire où, du fond des campagnes, notamment de l'Andalousie, on a amené, en compagnie de quelques bœufs obéissants, les jeunes taureaux (*novios*) les plus fougueux; l'*alguazil*, dis-je, est vraiment dramatique. Les deux battants de la porte du belluaire, placé en face de la loge royale, sont ouvertes, livrant passage dans l'arène libre et fermant du même coup, à gauche et à droite, le couloir élevé qui règne à l'entour de la piste et sert de refuge aux combattants et même aux *aficionados* (turfistes, dilettanti). L'un des sept ou huit taureaux qui vont être immolés alternativement, paraît, un ruban de soie rouge fixé à la nuque, entre en lice, et aussitôt les portes se referment, l'enceinte est close. L'animal puissant mugit et bondit fièrement comme en un premier mouvement de liberté reconquise. Bientôt il s'arrête étonné, frappe du pied, secoue sa forte tête. La vue de tout ce monde et surtout des *toreros* aux vives couleurs, des étoffes (*capas*) jaune, rouge, écarlate, que les *chulos* et les *banderilleros* déploient avec autant de grâce que de dextérité et font papillonner à ses yeux, le trouble, l'effarouche. Il promène de toutes parts ses regards effarés; partout il aperçoit des limites à son nouvel empire. Il ne sait auquel se prendre. Il hésite, court sur l'un, court sur l'autre, tête baissée, et donnant régulièrement dans l'étoffe chatoyante qui n'en peut mais et que parfois il déchire de sa corne aiguë comme un poignard. C'est en vain d'ailleurs qu'il s'attaque à l'homme qui fuit comme une flèche : en un instant tous les *toreros* à pied ont enjambé, avec une incroyable dextérité, la première paroi de forte charpente qui règne à l'entour de la piste ; ils sont dans le couloir. L'animal ahuri s'arrête, court ou heurte de sa corne le mur résistant et sonore ; rarement, mais cela arrive, dans l'excès de sa fureur il saute par-dessus... et alors sauve-qui-peut général dans l'arène elle-même, tandis que le taureau tournoie dans le couloir jusqu'à ce que, l'un des battants lui coupant le passage et la porte de l'arène rouverte, il rentre en lice comme au début. Tout recommence de plus belle. Quand la pauvre bête a été suffisamment harcelée par ce jeu d'adresse, elle tourne sa rage jusque-là impuissante contre les deux ou trois *picadores* à cheval demeurés immobiles, au fond de l'arène, durant toute cette première mise en scène. Il faut les voir, ces cavaliers solidement enfourchés sur de misérables haridelles, vouées à l'équarrissage, auxquelles on a, pour la circonstance, infusé, par un traitement spécial où, m'a-t-on dit, l'arsenic entre pour sa part, un semblant d'ardeur; il faut les voir tout vêtus de jaune, avec une armature de fer aux jambes, leur large chapeau jaune à bords plats, leur lance munie d'un fer aigu, court et tamponné à l'emmanchure, qu'ils tiennent en arrêt d'un air menaçant à la fois et cocasse. Ils me rappelaient tout à fait le Chevalier de la triste figure. Don Quichotte n'était pas mieux. Mais le comique va faire place au tragique, tout comme dans la vie : le sang va couler, et c'est du sang qu'il faut et que la foule attend. Le taureau n'y va pas toujours avec la même résolution ; les tempéraments sont divers. Souvent il hésite entre la crainte de l'aiguillon funeste et le plaisir d'éventrer un quadrupède gênant qui, l'œil gauche bandé, est tourné de manière à ne pas voir l'assaillant.

Enfin il s'élance, fond sur sa victime, reçoit le fer à quelques centimètres de profondeur dans sa nuque d'où le sang jaillit en abondance; et alors, ou cédant à la douleur, il détourne sa course, pour attaquer ailleurs, ou n'écoutant que la vengeance, il n'en plonge pas moins son arme terrible dans le flanc du cheval.

J'en ai vu un, spectacle d'horreur! porter ainsi, de sa tête faisant levier, monture et cavalier et les secouer un instant, puis dégager sa corne ruisselante. J'ai vu le malheureux cheval retomber sur ses quatre fers, *picador* en selle, promener quelques instants encore ses entrailles pantelantes dans lesquelles s'embarrassaient ses pieds ; j'ai vu le *picador* renouveler immédiatement son attaque, jusqu'à ce qu'enfin tous deux roulent dans la poussière : le cheval pour mourir piteusement sans se plaindre, laissant sur le sol comme une mince et lugubre silhouette; l'homme, pour se couvrir du cadavre contre lequel le taureau épuisait sa rage. Cependant les *capas* réussissent à détourner son attention et à relever le cavalier, que son armature alourdit, et à le remettre en selle sur un cheval *frais* soi-disant. La chute du *picador* a, comme on pense bien, ses dangers, et le sang de l'homme se mêle parfois à celui de la brute. D'un *picador* le taureau passe à un autre qui le menace encore de sa lance. Il n'a point de répit ; il n'en laisse aucun. Il attaque toujours de front : si le cheval se détourne, son noble adversaire le dédaigne et attend de le voir en face pour l'embrocher. Quand il a éventré quelques-unes de ces misérables rossinantes, jusqu'à cinq, six, huit ; reçu lui-même trois ou quatre bons coups de lance, que le sang ruisselle, que l'arène en est inondée, les *banderilleros* apparaissent les mains armées de *banderillas*, baguettes de 50 centimètres environ, enguirlandées de papiers coloriés et terminées par un crochet à pointe aiguë. Chacun à son tour ils se présentent à la tête de l'animal, le provoquent, en brandissant leurs flèches, par des cris, par des haut-le-corps qui font valoir leurs formes athlétiques ; et, tandis que le taureau redoublant de fureur, s'élance, l'homme, du même coup, lui enfonce des deux mains ses deux dards empennés à gauche et à droite du cou, et par un léger bond de côté, évite la corne menaçante qui l'effleure. L'animal roule, beugle, laboure le sol, parcourt l'arène, aux applaudissements d'une foule frémissante, court sus à un autre qui lui répond de même. Deux, quatre, six dards pendillent, se heurtent; et, plus le taureau secoue, plus les harpons s'enfoncent et s'attachent à ses flancs. Harassée, éperdue, la pauvre bête cherche à se dérober. Arrive enfin l'*espada*, l'exécuteur des hautes œuvres. Il tient de sa droite sa bonne lame de Tolède de près d'un mètre de long, emmanchée à une poignée en forme de croix; de sa gauche, le drap écarlate (*muleta*) dont il va surexciter le taureau, tantôt le déployant au vent, tantôt le lui présentant au nez, avec son épée qui sert de hampe à ce drapeau improvisé. L'animal stupéfié s'attaque presque toujours au pauvre chiffon, véritable bouclier pour l'athlète habile d'ailleurs à éviter les surprises, et se jouant de sa victime, toute proportion mise à part, comme un chat de la souris qui ne peut plus lui échapper. Il a l'œil fixé sur elle ; il en épie les moindres mouvements. Il ne doit la frapper que lorsqu'elle fond sur lui, au moment, à l'endroit voulus par l'esthétique de ce sanglant spectacle. Il raidit tous ses muscles, mesure exactement son coup et la place où il frappera : c'est à la flexion du cou, un peu au-dessous de la nuque. L'animal se précipite... qui l'emportera ? Tout le monde est en suspens ; les cœurs palpitent. Un dixième de seconde et l'homme est perdu. Mais soudain, l'éclair acéré brille. Il s'enfonce obliquement, de droite à gauche, jusqu'à la garde, de manière à atteindre le cœur en passant entre les premières côtes. Le taureau s'arrête net dans son élan, tire sa langue dégouttante de sang, pousse un long gémissement, s'affaisse ou se traîne un instant et tombe foudroyé ; *procumbit humi.* Voilà l'idéal du genre, un coup de bravoure où l'*espada* est applaudi plus que le premier des ténors. Les *sombreros* (chapeaux de feutre), les cigares pleuvent dans l'arène; et c'est plaisir de voir avec quelle grâce et quelle adresse les *toreros*, à l'envi, renvoient, comme autant de volants, les couvre-chef de tous ces enthousiastes. Mais ce coup de maître, je ne l'ai vu qu'une fois exécuté sans tâtonnement, tant il est difficile et mêlé de hasard. Les choses se passent souvent tout différemment. Le taureau peut n'être que blessé plus ou moins grièvement. L'épée a plongé trop obliquement ou a été arrêtée par une côte. L'animal l'emporte dans sa course frénétique, et réussit parfois à s'en dégager par ses mouvements mêmes; ou bien, saisissant au vol un mouvement favorable, l'*espada* la retire fumante. Il l'essuie avec sa *muleta* ou, de son pied, contre le sol, et se remet en position. Quand il a essayé plusieurs fois, sans y réussir, de donner le coup fatal, la foule trépigne et crie au *cachetero!* appelant ainsi le boucher qui, vêtu de noir, attend son tour. Il arrive alors pour enfoncer son gros stylet rond dans la nuque du taureau épuisé, accroupi. Mais la douleur, la rage le rendent parfois terrible. Il peut se relever soudain et jouer un mauvais tour à son exécuteur. Aussi celui-ci calcule-t-il soigneusement son moment. S'il est trop peureux, la galerie le siffle et l'injurie : *bamos, bamos !* (lâche) crie-t-on de toutes parts. J'ai vu un taureau se relever pour la seconde fois, avec deux stylets fichés dans la nuque... C'est horrible ! Et quelle puissance de vie ! Quand l'animal est mou, qu'il fuit trop obstinément le danger, on le hue (*vacca ! vacca !*), on lui lâche des chiens (*perros ! perros !*), des chiens superbes vraiment, dans les jambes ; ou bien on le larde de pétards enflammés (*al fuego !*) qui éclatent. Alors rien ne l'arrête plus, il se démène, s'attaque à tout, et le spectacle est d'une animation extraordinaire, car la poudre a le don de griser bêtes et gens. Quand tout le monde a fait son devoir, les *toreros*, en harcelant et en frappant la brute, — c'est du taureau que je parle ; celui-ci, en mourant bravement ; les spectateurs, en se passionnant comme il convient tantôt pour les élégants bourreaux, tantôt pour la victime, les marchands d'eau parcourent les rangs en s'égosillant à hurler : *Agua fresca !* ou *Bebida helosa !* (On saura qu'il n'y a pas de ville au monde où l'on boive plus d'eau qu'à Madrid.) Au même temps, la musique sonne la mort du taureau et le triomphe de son redoutable adversaire ; les valets d'écurie entrent avec trois mules magnifiquement harnachées, portant plumets, houppes, grelots et drapeaux aux couleurs nationales (rouge et jaune), et galopent avec elles ventre à terre. Elles emportent avec des crochets, décrivant un grand cercle, un à un et traînés sur le sable d'abord les cadavres des chevaux, puis le taureau lui-même. Quelques garçons de service ratissent l'arène, enlèvent les boyaux, jettent quelques corbeilles de son pour masquer le sang et empêcher le lutteur d'y glisser. Puis, au bruit des fanfares, tout recommence de plus belle et sept à huit taureaux, noirs, bruns, blancs sont immolés tour à tour, ce qui ne dure jamais plus de trois heures et présente les incidents les plus inattendus. C'est long pourtant, et il faut de bons nerfs pour supporter jusqu'au bout ce spectacle sanglant, pour ne pas dire sanguinaire. L'on peut croire que l'Espagnol, l'Espagnole elle-même, de tout âge et de tout rang, a, dans ce temps de nervosisme général, des nerfs comme des câbles ; car bien peu partent avant la fin.

La deuxième fois que je me rendis au *Toros* (et ce fut trois semaines après mon retour de Lisbonne), je pris une place tout en haut aux derniers gradins, afin de dominer la foule des spectateurs, et de mieux étudier la physionomie du populaire qui fourmillait : paysans et ouvriers, hommes, femmes et enfants jusqu'à la mamelle. La course fut plus belle que jamais ; l'enthousiasme fut au comble, enthousiasme que je qualifierais volontiers de malsain. Deux ou trois gavroches, en particulier, qui, placés derrière moi, me gênaient fort par leurs mouvements désordonnés, semblaient ne se posséder plus. Toutes les fois que le taureau, partagé entre la crainte, peut-être même la générosité et la soif de vengeance ou la colère, hésitait à fondre sur la pauvre haridelle efflanquée ou sur l'homme qui le fascinait : *Anda, Anda ! Anda, Anda !* (Vas-y donc !) criaient-ils à tue-tête. Et quand il enfonçait son arme terrible dans le poitrail du cheval, « noble conquête » et triste victime, c'étaient acclamations à n'en plus finir. Certes, on ne dira pas que le goût du sang soit étranger à ce spectacle sauvage. Il y a plus dans ce régal des yeux, soit ; mais le sang, c'est le piment qui le relève. On comprend d'ailleurs que la foule se passionne pour le taureau, menacé de toutes parts, dont la perte est assurée, et qu'elle l'excite à se défendre, à vendre chèrement sa vie. Cela même n'est-il pas déjà la condamnation d'un plaisir contre nature ?

Et maintenant, mon esquisse achevée pour vous rendre juges, amis lecteurs, écoutez, je vous prie, le témoignage d'un homme de lettres français qui pouvait bien s'être trouvé précisément aux mêmes courses, et qui, tout en paraissant s'y être délecté, me confirme une fois de plus dans mes impressions et me servira utilement à le justifier. Il n'est pas possible, en effet, que l'homme de sens et cœur, l'homme réfléchi ne fasse, après pareille fête, un retour sérieux sur soi-même et ne dise : Qu'en penser? Qu'y ai-je gagné? En suis-je plus content ou meilleur? Rasséréné d'esprit ou ennobli et fortifié pour la lutte journalière? Ai-je eu du moins le spectacle et la conscience de la supériorité morale de l'homme? Écoutons : « Je ne reconnais plus mon cœur. Qu'est-ce donc que j'éprouve? Que me veut cette jouissance inexprimable qui me fait horreur? Ce n'est ni du plaisir ni de la joie; c'est comme un orgueil. Je ne suis qu'un spectateur, et on dirait que je triomphe. Ah! je comprends maintenant quel attrait ont pour la nature humaine des spectacles tels que celui-ci; comme la cape rouge qui fascine le taureau, le sang, rouge aussi, attire le regard de l'homme et lui donne le plus redoutable, le plus délicieux des plaisirs, celui dont il ne s'est jamais assouvi et *dont il ne s'assouvira jamais* (C'est moi qui souligne en protestant, car j'attends mieux du progrès des idées et des mœurs) : voir la mort faucher devant lui et se sentir plein de vie ! On peut rester froid devant les douleurs imaginaires des héros de théâtre, mais c'est ici la tragédie naturelle : pitié, terreur, sang et mort, *tout y est vrai* (1). » Pardon, le vrai n'a pas besoin d'être brutal.

En un mot, jouir du sang, jouir à la pensée de ne pas courir les dangers mortels auxquels d'autres, hommes et bêtes, sont exposés ! Tout cela rappelle vivement le commencement du deuxième chapitre du *De Naturâ rerum* de Lucrèce :

Suave, mari magno turbantibus æquora ventis,
E terrâ magnum alterius spectare laborem.

Et encore s'agit-il ici d'une lutte involontaire, celle qui est imposée à l'homme courageux par la furie des éléments, lutte où il défend sa vie sans attenter à celle de personne, et où, tout en jouissant de la secrète satisfaction de n'y être point engagé soi-même, le spectateur ému fait

(1). E. Mouton, *la Course de taureaux* (feuilleton de *la France*, 21 novembre 1880.)

naturellement et infailliblement des vœux pour le triomphe de son semblable : l'homme, nous le sentons tous, est appelé à dompter la nature. Dans « le redoutable et délicieux plaisir, » qu'on va, de propos délibéré, chercher au *Toros*, et qui vous y est offert, à grand renfort d'apparat, comme nous l'avons vu, mon âme se sent troublée, partagée, et mes notions du beau, du noble, du vrai tragique lui-même sont mal satisfaites. J'y jouis égoïstement, brutalement, presque sans pitié pour l'homme qui, gratuitement, excite le monstre ; pour ce dernier qui n'épargne rien et tue s'il ne meurt ; pour le cheval lui-même qui n'a qu'un souffle dans le ventre et me parait trop laid pour vivre, ou du moins pour parader. Je vois éclater partout un instinct féroce qui m'humilie, au lieu que « les douleurs imaginaires des héros de théâtre » (je parle du théâtre voué à l'Art et à ses lois suprêmes) m'intéressent, me touchent et m'élèvent ; et je ne vois que les natures absolument dénuées de feu sacré rester froides devant les nobles créations de l'art. Je me demande si une réalité sanglante, si ornée et émouvante soit-elle, est de la dignité de l'homme ; si la vue du sang arbitrairement répandu entre pour quoi que ce soit dans son éducation morale, dans sa délectation esthétique; s'il convient enfin de réveiller, d'entretenir, de propager les mouvements secrets de la brute qui sommeille en lui. Or tout cela je le nie formellement. Et s'il en est qui le soutiennent, je leur dirai tranquillement, pour leur cacher mon indignation : Eh bien, ramenez-nous aux cirques et aux combats de gladiateurs : *Morituri te salutant!* Cela ressemble plus à un combat et moins à une boucherie.

Il en est qui, insistant, me disent : Mais ne voyez-vous pas que ce spectacle trempe les courages, qu'il aguerrit aux grands sacrifices, et vous prépare à donner un jour votre propre vie pour un ami, pour la patrie en danger. Il ne faut pas que l'homme s'effraye comme un enfant à la vue du sang, et parfois il faut que le sang coule. L'Espagnol le sait bien, et il n'a jamais reculé devant le péril. — Je sais aussi que l'Espagnol a du cœur, un ardent amour du pays, de l'indépendance et du caractère national ; nous l'avons appris une fois de plus, en 1866, à nos dépens; et nous aurions dû avoir le bon nez, au lieu de leur déclarer une guerre insensée, de laisser aux Allemands la liberté de s'en instruire avec leur Hohenzollern. Mais je doute fort que l'Espagnol eût moins de courage et de patriotisme du jour qu'il renoncerait aux combats de taureaux. J'ai fait d'ailleurs la part, et je vous laisse la faire aussi grande que vous voudrez, du courage, et surtout du sang-froid et de l'adresse chez le *torero*. Mais quelle force d'âme tout cela suppose-t-il chez le spectateur parfaitement inaccessible à la fureur du taureau ? Le sang ! Le sang humain ! Mais nous n'en sommes plus aux sacrifices des druides ; n'est-ce pas assez qu'il coule quand la patrie est en danger et tandis que tous vous rivalisez de zèle, non pour le voir couler, mais pour panser, pour guérir les blessures ? Et depuis quand le goût du sang a-t-il moralisé l'homme et surtout la femme ? Une dame américaine me disait en quittant l'arène où elle ne pouvait tenir plus longtemps : « Je comprends que cette race se soit plu aux autodafés ! »

D'autres enfin trouvent la justification, et si je puis dire la moralité (je prends ce mot au sens esthétique) de ce spectacle dans le sentiment, dans la preuve éclatante de la supériorité de l'homme faible et triomphant. Je ne sais, pour ma part, si c'est une bonne manière de célébrer son triomphe sur la brute. Eh quoi ! n'est-ce pas assez que, pour prix de leurs nombreux et loyaux services, tombent obscurément, le bœuf à l'abattoir, le cheval sous le couteau de l'équarrisseur, et cela pour nous servir encore ; faut-il que nous nous amusions de leurs souffrances, de leur mort pour attester mieux notre suprématie ? L'homme est un maître, soit ; il ne doit pas être tyran. Les créatures le servent ; il doit les épargner le plus possible. Il faut qu'il domine non seulement par l'intelligence, mais encore par le cœur. On a fait des progrès dans ce sens. Paris même a eu longtemps sa *Barrière des Combats* où l'on a vu maints spectacles étranges, hideux, tombés aujourd'hui, Dieu merci, en parfaite désuétude. Mais quand l'Espagne renoncera-t-elle à sa fameuse, à sa chère Course de Taureaux ? C'est à la *Société pour la protection des animaux* d'entreprendre cette campagne.

En attendant, terminons nos réflexions déjà longues, — et j'en demande pardon au lecteur, — comme nous les avons commencées : ce spectacle n'est rien moins qu'édifiant ; il n'est beau qu'à force d'être horrible ; et tout le profit qu'on en peut tirer est, ce me semble, par effet inverse ou par action réflexe. On s'arme contre la cruauté, comme le Spartiate se dégoûtait de l'ivresse en contemplant un ilote ivre.

Passons, si vous le voulez bien, à d'autres exercices plus paisibles et, dans le meilleur sens du mot, plus récréatifs. Et d'abord, le retour du *Toros*, par un coucher de soleil splendide, sous ce ciel lumineux célébré à l'envi par peintres et poètes, est plus beau, plus animé encore que l'aller. La foule est compacte sur le passage du cortège, qui lui-même est massé. Tous les rangs sont confondus. On salue les vainqueurs qui rentrent en calèche découverte. On voit çà et là, assises sur le seuil des portes, de jeunes et intéressantes mères donnant — spectacle toujours charmant — le sein à leurs enfants... qui seront peut-être quelque jour d'intrépides *toreros*. Cela nous rappelle, non moins que certains tiraillements d'estomac stimulé par la fatigue, que l'heure du dîner approche. Je m'apprête à lui faire honneur, tout en jouissant le plus longtemps possible d'une soirée délicieuse qui tempère la chaleur du jour. Un fort bon repas nous attendait à la *fonda de la Paz*. Je m'y trouve assis à côté d'un jeune et savant docteur de Berlin, M. Kuster, qui se rend aussi au Congrès. Un non moins jeune et savant professeur d'histoire naturelle à l'École de médecine de Lille, mon confrère à la Société des sciences de ladite ville qui l'accompagne, nous présente l'un à l'autre. La conversation s'engage aussitôt entre nous deux, en allemand, et d'une manière fort intéressante pour moi. Me sachant d'origine strasbourgeoise et allié à une famille nombreuse et considérable de la capitale malheureuse de l'Alsace, mon interlocuteur me pose, à brûle-pourpoint, avec le désir de constater un fait, ce qui me paraît être du bon positivisme, la question suivante : « Que pensez-vous de l'assimilation à l'Allemagne de l'Alsace, notamment de Strasbourg ? Vous-même qui portez un nom allemand (il ajouta un compliment honnête sur ma façon de parler sa langue maternelle), vous sentez-vous des nôtres ? Veuillez, je vous prie, me répondre avec franchise, *sans politique.* — « Très volontiers ; je n'éprouve aucun embarras à vous découvrir sur ce point la vérité tout entière, tout au moins ma conviction sincère et réfléchie, dût-elle même ne vous être pas absolument agréable. Pour moi, je suis hors de cause : né à Cette d'un père strasbourgeois de vieille souche, j'ai mes plus proches disséminés par toute la France, et j'ai dû, à l'heure fatale de l'option, quitter ma belle et intéressante position à Strasbourg, afin de soustraire mes fils mineurs au joug de la conquête. Bon nombre de mes parents ont fait de même. Parmi ceux qui ont été obligés de rester, il n'en est guère qui n'aient envoyé leurs fils étudier ou servir en France. Un de mes cousins, M. Ernest Lauth, a été le dernier maire français de sa ville natale; et, même sous le régime nouveau, il n'a caché ni ses sympathies anciennes ni son ardent libéralisme. Tous les députés, librement élus, de l'Alsace et de la Lorraine ont, à Bordeaux, protesté contre l'annexion. L'Allemagne a passé outre : elle a conquis, soumis ces belles provinces par la force des armes; je doute qu'elle les gagne jamais; et Metz, Mulhouse, Colmar et Strasbourg, moins encore que le reste. » Mon docteur ne parut point se formaliser de ma réponse; deux ou trois jours après, à Lisbonne, il eut même l'obligeance de me présenter, en termes fort aimables, au célèbre naturaliste docteur Virchow qui, plus tard, en haut lieu, fut le témoin très discret d'une conversation du même genre, que je ne provoquai point, que je ne désertai pas non plus, et que j'aurai soin de rapporter à son heure. Aussi bien pareil entretien vaut-il quelque article de journal. J'ai sténographié dans ma mémoire sous l'œil de mes témoins, que je nomme à dessein, et je ne crains point la contradiction.

Que faire le soir, un dimanche, le premier passé à Madrid, sinon d'observer la population amassée par toute la place de la *Puerta del Sol*, se promenant avec une digne et paisible animation, à la lumière électrique, au milieu des cris de marchands de journaux, notamment du *Toros*, de vendeurs d'eau fraîche contenue dans d'élégants *cantaros* de terre blanche et poreuse, et de billets de loterie... « tous gagnants. » La foule, encore saturée des fêtes qui venaient de saluer la naissance et le baptême de l'infante, se préparait à en célébrer de nouvelles pour les relevailles, etc. Le peuple espagnol en général, sauf les cultivateurs, quelques villes industrieuses et commerçantes, telles que Barcelone, n'aime le travail que tout juste. Il n'a d'ailleurs que peu de besoins, et son système de protection douanière, très lourd pour le consommateur, les limite encore. On le sert à souhait : clergé et gouvernement s'entendent à merveille pour « le ruiner en fêtes. » Je saisissais au vol quelques paroles échangées : les événements du jour, la course en particulier, occupaient gravement les esprits. On sait que la *Puerta del Sol* est le rendez-vous des politiciens, et, parmi eux, des mécontents qui, victimes d'un régime justement déchu, attendent peut-être quelque révolution nouvelle pour rentrer en place. Cependant le roi Alphonse XII paraît être assez populaire et conquérir de jour en jour les sympathies de la nation avide de repos. Il a certes beaucoup à faire pour s'affranchir, lui et ses conseillers, des vieux errements qui paralysent l'essor du pays, et pour apaiser, sinon pour gagner à soi le nombreux parti républicain conduit par d'illustres orateurs, par des cœurs généreux. Puisse-t-il réussir à fonder une vraie monarchie parlementaire, sorte de république avec présidence héréditaire, en un pays où, dans l'état actuel des esprits et des mœurs, une présidence élective serait sans doute prématurée et trop exposée aux orages. Peut-être faudra-t-il même, vu les dispositions provinciales, se contenter d'une organisation fédérative. Quoi qu'il en soit et tout en ruminant, j'allais et venais, me rendant aisément compte de l'orientation et des nombreux aboutissants de cette place centrale, célèbre dans les fastes de la capitale élégante, un peu trop moderne pourtant, car elle n'a guère que trois à quatre cents ans d'histoire, ce qui explique en partie qu'elle n'ait encore que quatre cent mille âmes environ. En face de mon hôtel, un assez bel édifice rosé, surmonté d'un clocheton avec grand cadran illuminé le soir, qui sert de régulateur à toute la cité, porte l'inscription *Gubernacion*. C'est le Ministère de l'Intérieur. Comment et pourquoi Gautier y a-t-il vu une église? C'est ce qu'on n'a jamais pu savoir et la postérité se le demandera certainement. Il y a, du reste, dans les charmants tableaux, pleins de couleur locale de notre illustre romantique, bien des appréciations de pure fantaisie, et bien des choses qui ont changé depuis quarante ans. Ainsi le fameux manteau ne se voit guère l'été que dans les soirées les plus fraîches; les cigarettes vendues à l'*Estanca* (bureau de la régie) sont faites non de « papier à lettre, » mais d'excellent papier *ad hoc*. A ce propos, je m'étais fait d'étranges illusions sur la qualité du tabac en Espagne. Quant au havane, il y est plus cher qu'à Paris. Pour ce qui regarde le costume, autre illusion! je m'attendais à rencontrer force *hidalgos* ou *cabalieros* avec *sombreros* de feutre noir à bords retroussés droits, ou à peu près, et à pompons tels que les portent les *toreros;* veste courte et collante à passementerie; ceinture rouge ou bigarrée et pantalon flottant sur l'escarpin à boucles; j'en ai bien vu deux ou trois, et c'est vraiment dommage que la mode parisienne l'emporte; bien plus encore pour les femmes. Cependant, elles ont eu, presque toutes, le bon goût de garder la jolie mantille de dentelle retenue au sommet de la tête par un peigne haut monté, et retombant gracieusement sur les épaules. Pour le reste, elles ont, ce me semble, beaucoup trop sacrifié au « parisianisme », comme dit Th. Gautier. Mais n'allons pas nous faire une affaire avec nos aimables compatriotes, qui, il faut le dire, ont plus de goût que jamais dans leur toilette. Le touriste est amateur de la variété, de la couleur locale. Ce qui distingue encore l'Espagnole, c'est le classique, l'indispensable éventail, qu'elle manie et fait parler comme personne. Et là encore, j'ai été surpris de voir dans les devantures des magasins nombreux où l'on ne vend guère que ce charmant ustensile, tant de sujets français. Un de mes premiers soins, à mon retour à Madrid, fut d'en acheter, pour mes filles, deux purement espagnols, représentant des scènes de *toreros* non sanglantes : l'un, le premier défilé; l'autre, le fameux saut de la *garocha*. D'un bond, appuyé sur sa longue lance qu'il fixe en terre, à la tête même de l'animal qui s'élance, le *torero* le franchit comme vous feriez d'un fossé. Mais ce coup, audacieux entre tous, je ne l'ai pas vu.

Revenons à la Madrilène : le sujet n'est pas trop désagréable. Je devrais, imitant Gautier, ou tout autre artiste amoureux du pittoresque, tenter ici la peinture de cette petite personne si gracieuse, accorte, un peu boulotte, même avant et surtout après la trentaine, marchant bien, le pied cambré, la poitrine en avant, la bouche en cœur, l'œil en coulisse. Il y en a de blondes, il y en a même de rousses, comme les femmes de Véronèse. Prétendre que « sur quatre il y en a trois de jolies, » me paraît un peu flatteur, ou galant, comme Th. Gautier. Je ferai observer que le type madrilène est plus mélangé que le type sévillan ou valencien, par exemple. Mais il lui reste des yeux largement ouverts, ombragés de longs cils soyeux et passablement expressifs. Il en est de bleus, même avec le teint brun et les cheveux aile de corbeau ; mais la plupart sont noirs de jais ; lumineux, ils ressemblent à des escarboucles, ou à des charbons noyés dans un rayon de soleil. Quand la distinction s'y mêle, ce qui n'est pas rare, la Madrilène est très séduisante.

Je ne connaissais pas une âme dans cette foule empressée, sauf mes quelques compagnons de voyage qui se promenaient comme moi. Minuit sonnait qu'elle était encore là. J'avais besoin de repos, et désirais employer bien ma journée du lundi, devant partir le soir, pour aller d'arrache-pied, en train direct, à Lisbonne. J'allai me coucher. Bon lit, ce qui n'est pas très commun en Espagne et moins encore en Portugal. A huit heures du matin, je me mets en campagne, du côté du Château-Royal, par la *Calle-Mayor*, passe devant une belle place rectangulaire (*Plaza Mayor*, 122 mètres de long sur 94 de large), bordée d'arcades, comme presque toutes les anciennes places des villes espagnoles, plantée d'arbres et ornée, au milieu, de la statue équestre de Philippe III, son fondateur. Je m'arrête un peu plus loin, devant le grand Théâtre-Royal (Opéra), édifice lourd et monotone, où je devais, trois semaines après, assister à la brillante *première* de la saison, et contourne la place demi-circulaire de l'*Oriente*, œuvre de Napoléon Ier, qui sépare l'Opéra du Palais. Elle est ornée d'une belle plantation d'arbres entre lesquels se dressent, à la mémoire des rois et des grands capitaines, quarante-quatre statues colossales, plus que médiocres, destinées primitivement à la décoration du palais. Au centre, la belle statue équestre de Philippe IV, d'après le tableau de

Velasquez et rappelant assez celle de Louis XIV, place des Victoires, à Paris. J'arrive ainsi (et par quel pavé pour une résidence royale !) à la limite occidentale de la ville, auprès du *Palacio Real*, vaste et majestueux carré de granit blanc, d'un bon style, aux armes d'Espagne, situé entre la *Plaza de l'Oriente* et le *Manzanarès*, vers lequel le sol s'incline en terrasses, en jardins délicieux formant un soubassement grandiose au plus beau monument de Madrid. J'entre, je pénètre sans difficulté dans la riche chapelle où la famille royale assiste à la messe. J'aurais, moyennant une simple démarche, et grâce à mon passeport, pu visiter les appartements admirablement situés de la reine Isabelle, qui s'y trouvait, et le plus magnifique des trente salons royaux, celui de *Embajadores* dont la voûte, si bien peinte par Tiepolo, représente l'exaltation de la monarchie espagnole, etc. Mais j'avais perdu du temps en route, et il m'importait, avant tout, de voir à loisir l'*Armeria*, ce fameux arsenal historique, ouvert à dix heures, qui, parmi deux mille cinq cent trente-huit objets, tous de grande valeur, compte des choses vraiment merveilleuses. Cependant, il me restait une petite heure que j'emploie à m'orienter encore daus ces parages. Suivant à gauche, par un soleil ardent, la façade du Palais, j'arrive à un viaduc fort élevé au-dessus des quartiers bas de la ville, d'où l'on a une vue admirable à droite, sur la campagne et à gauche, sur la partie haute de la cité. J'arrive ainsi, par de curieuses petites rues, à la *Plaza San Andrès* où, en face d'une imprimerie logée dans un antique manoir fort pittoresque, je pénètre dans l'église qui n'a de remarquable que sa chapelle, distincte d'ailleurs, de *San Isidro*. Sa petite porte de bois sculptée, habituellement fermée, est d'un travail exquis. Les murs sont revêtus presque en entier des marbres les plus richement fouillés, portant la date de 1555. Le rétable est magnifique. C'était une découverte des plus attrayantes pour moi. Je n'avais aucun guide. En outre, un écriteau placardé à la porte promettait une indulgence à qui visiterait ce sanctuaire, et l'on n'a vraiment pas besoin d'indulgence pour qu'on se plaise à le contempler. Il n'en est pas de même de nous ; et, sans être, je crois, le moins du monde superstitieux, je ne suis pas fâché qu'on me le rappelle, d'autant mieux que, du même coup, c'est m'exhorter à user d'indulgence envers autrui. Que ne gagnerait pas la société, si chacun de nous, nous savions être aussi bienveillants que sincères !

Je retourne au Palais. L'*Armeria* est dans une de ses dépendances dont l'entrée est passablement dissimulée au fond d'une cour. Ici, j'eus l'occasion d'admirer la gravité castillane. J'aborde, le chapeau à la main, un garde à cheval planté à l'entrée de cette cour, et lui demande mon chemin. « Connais pas, » me répond-il d'un air souverainement ennuyé. J'avance, avise un petit perron, une porte entrebâillée, monte à un premier étage fort élevé, où je sonne, et l'on m'introduit dans une grande salle vraiment éblouissante de splendeurs royales. Pendant une heure que dura ma visite, je n'eus qu'à m'applaudir de la parfaite obligeance des gardiens. Quel musée intéressant et instructif! Quel type de collection d'armes historiques! La nôtre, à l'hôtel des Invalides, organisée avec tant d'intelligence par mon savant ami le colonel Leclercq, est certes beaucoup plus nombreuse, mais elle est moins choisie. Je m'abstiens ici d'une sèche nomenclature, que l'on trouve d'ailleurs dans tous les guides, et, comme on sait, je ne fais pas un guide. Je dirai seulement que tout est soigneusement entretenu, ordonné, étiqueté. Les souvenirs des plus grands noms, goths, maures et castillans, des plus mémorables campagnes, depuis le temps des plus vieux romanceros jusqu'à nos jours, s'évoquent successivement à la pensée. Voyez les épées de Boabdil, le dernier des rois Maures, de Pélage, de Gonzalve de Cordoue, du Cid, de Fernand Cortès, de François Ier (reproduction, l'original ayant été repris par Napoléon Ier en 1808), du comte-duc d'Olivarez; admirez les riches armures d'un travail admirable. Parmi celles de Charles-Quint (Charles Ier d'Espagne), je remarque, comme vous ne manquerez pas de le faire, celle qui le peint lui-même : le cimier et la visière représentant la chevelure et la barbe dorée du célèbre conquérant-penseur. Celles de Philippe II, son fils, sont encore plus nombreuses et plus artistiques. Son plastron en fer ciselé, enfermé sous verre, représentant la bataille de Saint-Quentin (1557), — fait d'armes dont les Espagnols sont plus que jaloux, — est une merveille incomparable; son pesant d'or ne le payerait certes pas : cette offre a été, me dit mon guide, faite par un Anglais. La *papelera* de Charles V, également de fer ciselé, ne vous surprend pas moins. J'ai passé là une heure des plus délicieuses. De temps à autre, par les larges et béantes fenêtres qui s'ouvrent tout du long sur la vaste cour d'honneur je contemplais le paysage, le ciel magnifique, et mon oreille était amoureusement bercée par la musique militaire de la grand'-garde. Elle jouait et rejouait, sur un mode lent et grave, en marchant à pas mesurés et cadencés, la célèbre marche royale et l'hymme de Riego qui s'y rattache. Je ne pouvais m'en lasser. Je fredonnais tout en allant au pas, de vitrine en vitrine, et mon cicerone a dû se dire plus d'une fois : Quel mélomane ! Il ne se trompait pas. Cet air noble et délicieux, véritable quintessence de musique, m'a hanté longtemps, et mon premier soin, à mon retour à Paris, a été de me le procurer, pour le piano, dans la collection des *Chants nationaux du monde entier* par Messemæckers. C'est une peinture de caractère. Enfin, je m'arrache à ces séductions pour visiter, sur ma route à l'hôtel, par un léger détour, le *Museo naval* au Ministère de la Marine. Un gentil jeune mousse, parlant français, m'en fait les honneurs ; et, pendant une autre heure bien employée, je passe en revue les fastes de l'histoire maritime du pays de Fernand Cortès. *Quantùm mutatus ab illo !*

Je déjeune quatre à quatre, car, devant partir le soir, il me restait, pour l'après-midi, le plus grand régal qui soit à Madrid pour un tempérament artistique : *el Real Museo!* Oui, quoique un lundi, le Musée royal de peinture, au *Salon,* la plus belle partie du fameux Prado, comprise entre les fontaines de marbre de Neptune et de Cybèle, était ouvert. A une heure et demie, j'entre, par la porte qui fait face au Jardin botanique, car le portique principal du côté opposé n'est pas encore achevé, non sans avoir jeté un regard satisfait sur ce vaste édifice dorique d'un grand caractère, et sur la belle statue de bronze de Murillo. Je salue en passant le maître sévillan, tout en formant le vœu de voir un jour, à l'autre extrémité du Musée, la statue de son compatriote Velasquez, l'illustre chef de l'école de Madrid, qui le vaut bien, pour dire le moins, et s'en distingue d'ailleurs profondément. Laissez-moi vous le dire tout de suite, lecteur bienveillant, afin de ne point l'oublier : quand vous n'auriez à Madrid que les tableaux, les soixante-quatre tableaux de Velasquez du Musée, cela seul vaudrait le voyage. Je le dis sans crainte d'être démenti. J'entre... et vais de salle en salle, de surprise en surprise, de ravissement en ravissement, sans dédaigner, bien entendu, les trois salles du rez-de-chaussée consacrées à la peinture moderne, où brille, au premier rang, le grand tableau de *Jeanne la Folle auprès du Sarcophage de son royal époux*, par Padilla, tant et si justement admiré à l'Exposition de 1878; non plus que les hautes mansardes où l'on conserve les étonnantes pochades-cartons de Goya. J'entre... et je sors à la dernière minute, émerveillé, n'en soyez pas surpris, autant qu'ahuri et fatigué. Tous ceux qui ont parcouru de grands musées savent qu'une première visite est toujours un travail, et un travail laborieux d'orientation et de discernement. On a vu en courant, d'une manière générale, retenant dans sa pensée, pour y revenir à loisir et l'étudier de près, ce que l'on veut bien voir. Or, l'esprit, l'œil lui-même peuvent à peine suffire à ce premier labeur. Ils en sont surchargés : la pensée, la rétine ne tiennent pas indéfiniment à une succession aussi rapide de tableaux qui résument synthétiquement une composition idéalisée. Quand vous vous promenez dans la belle nature, vous avez devant vous des sites, des perspectives qui vous enchantent. Votre esprit les porte aisément, parce que le grand air, l'espace, le ciel, servant de fond commun et harmonieux à vos impressions, vous soutiennent et vous reposent. Dans un musée, vous avez sous les yeux tout un monde de mondes divers ; des sujets définis, contrastants, en un champ limité ; des modes, des tonalités infiniment variés : le tout avec la grandeur morale en plus, avec la conception, l'ordonnance, l'interprétation personnelles. Cet idéal charmant, inséparable de l'Art dont il est le principe générateur, source de toute pure délectation esthétique, vous captive et vous élève en quelque sorte à la hauteur du maître contemplé : mais j'en reviens à mon dire, il y a, au bout d'un certain temps, surcharge pour l'esprit ; le miroir de l'œil ne reproduit plus que des images superposées et confuses. En un mot, une première exploration au Prado constitue un travail et une fatigue au sein même des jouissances les plus vives. Cette fatigue, lecteur, je veux vous l'épargner. Et comme nous reviendrons ensemble à Madrid, que nous y passerons dix jours, dont deux heures (c'est la mesure raisonnable) chaque matin audit musée, pour bien étudier les maîtres et leurs chefs-d'œuvre, nous en parlerons avec connaissance.

« Quatre heures ! on va fermer ! » nous crient, comme au Louvre, les gardiens de salle. J'étais dans la grande galerie en contemplation devant le magnifique crucifix de Velasquez de Silva. Je me retourne pour gagner la porte. Un jeune banquier de Cadix, au bras de sa gracieuse compagne, blonde comme les blés, que j'avais l'avant-veille remarquée dans le train de Paris-Madrid (tout Portugais bien né fait, comme on sait, son voyage de noces à Paris), m'aborde, me dit qu'il m'avait vu plusieurs fois aux stations du chemin de fer, et me demande avec intention si je puis lui interpréter les inscriptions-monogrammes, hébraïque, grecque et latine, du chevet de la croix. Je lui réponds naïvement, bonnement : *Jésus-Christ, Nazaréen, roi des Juifs*. Le malin! il en savait plus long que moi. Avait-il, avec sa sagacité d'enfant d'Israël, soupçonné ma qualité de théologien? Il sourit, me parle hébreu comme je ne saurais faire, et me présente sa charmante femme. Nous échangeons nos cartes, sans aucune intention *duellique;* puis, pour mieux faire la paix, il m'invite à prendre place dans le fort élégant landau qui les attendait en bas, et qui nous conduisit tout droit au *Buen-Retiro*, le petit Bois de Boulogne de Madrid, dont les Champs-Élysées sont le Prado. Le soleil était ardent, le ciel splendide. J'étais dans les meilleures dispositions pour jouir de cette belle promenade improvisée dans de si agréables circonstances. J'avais soif de verdure, de conversation, mon jeune couple y mettait un aimable abandon. Tout le long du chemin, je remarque l'art avec lequel l'eau, si rare en été, était recueillie au pied des arbres, dans de petits ronds reliés entre eux par d'étroits canaux. Dès l'entrée du *Buen-Retiro*, oasis dans le désert, nous descendons et cheminons en des jardins admirablement entretenus et encore solitaires. Partout, de distance en distance, des gardes à cheval et à pied étaient à leur poste, et mon compagnon me fait observer qu'ils avaient tous le revolver chargé suspendu à leur ceinture. On attendait le roi, la cour, la gentry, la foule des promeneurs. Vers cinq heures le défilé commence. Alphonse XII arrive, la reine mère à côté de lui, sur un beau *dog-car* qu'il conduit tout en répondant gracieusement aux saluts. Descendues de leur calèche, les deux infantes, très simplement vêtues, suivies d'un laquais en grande livrée, marchaient dans les contre-allées. La foule circula ainsi jusqu'à l'heure du dîner qui nous rappela, nous aussi, par un coucher de soleil merveilleusement beau. Quel dommage, nous disions-nous, que les alentours de cette ville, élégante en somme, quoique peu monumentale, soient si arides, si dénués ! Pourquoi a-t-on choisi pour la capitale de toutes les Espagnes, ce plateau, âpre en hiver, brûlant en été (et l'été dure bien huit mois) qui force la population à chercher au loin la villégiature ! D'après une tradition accréditée et fort probable, il n'en a pas été toujours ainsi. Ce plateau a été une forêt jusqu'au XVIIe siècle : les armes de la cité qui portent un arbre et un ours en sont la preuve. Or longtemps l'Espagnol a fait la chasse à l'arbre non moins qu'à l'ours. Il a tué la poule aux œufs d'or, et il commence à revenir de son erreur. Mais, juste ciel ! que n'a-t-il pas à faire encore pour cultiver, planter, drainer, exploiter, créer des canaux et rendre des rivières navigables !

Tout en devisant, nous arrivons à l'hôtel de Paris, où nos jeunes amis (on se lie assez vite en voyage, quand les gens vous conviennent) descendent, non sans m'inviter à aller les voir à Cadix.

A neuf heures, j'étais à la gare du Midi pour prendre le train *direct* (et par quels détours !) de Lisbonne ; affaire de trente-trois heures, deux nuits et un jour. C'est bien assez par un temps de canicule. Les premières personnes que j'avise à l'inscription du bagage sont M. L., mon complaisant premier compagnon de voyage en Espagne et mes amis de Paris, M. Melon, ingénieur récemment appelé à la direction de l'usine à gaz de Madrid, et son hôte, M. Ch. Read, l'intelligent et érudit homme de lettres que tout Paris connaît, portant encore au cœur le deuil d'un tout jeune fils, poète d'avenir, que Coppée a si noblement pleuré, et cherchant au loin, comme moi, quelque diversion salutaire. Quelle surprise et quelle joie de nous rencontrer ainsi, sans nous être donné le mot autrement que par un cordial entretien que nous avions eu ensemble, un mois auparavant, dans la cour de l'hôtel du Louvre, et que termina mon interlocuteur (il me pressait fortement d'aller au Congrès), en me disant : « Au revoir, à Lisbonne ! » Nous allons être inséparables quinze jours durant, et notre mutuelle sympathie, qui date de vingt-cinq ans et plus, en sera singulièrement ravivée. Soucieux d'ailleurs, l'un et l'autre, d'entreprendre un si long trajet en terre inconnue, avec une notion à peine rudimentaire de la langue du pays, nous sommes subitement rassérénés par l'empressement que met M. L., à nous servir de truchement et à l'idée de l'avoir avec nous jusqu'à Almorchon, près la frontière du Portugal où il prendra la ligne de Malaga, pour rejoindre sa famille, aux bains de mer. Grâce à lui, tout va sur des roulettes; nous ne perdons pas une aubaine, ni beau site, ni bon buffet... et surtout nous ne nous trompons pas aux nombreux embranchements, ce qui est arrivé à d'autres congressistes. Nous referons la route au retour et nous en pourrons mieux parler. Permettez-moi, lecteur, de vous transporter, sans autre préambule, dans la capitale du Portugal dont nous franchissons, à l'entrée de notre seconde nuit, la frontière, à 7 kilomètres de Badajoz. Ne me faites pas, je vous prie, un crime de consacrer à Lisbonne tout un chapitre d'un voyage en Espagne. Les deux pays ont été, comme on sait, longtemps unis. Bien que rivaux sur plus d'un chef, ils sont frères, et plus que jamais aujourd'hui qu'ils sont assurés de leur indépendance réciproque. D'ailleurs, n'oubliez pas que nous allons au Congrès de Lisbonne, dans un intérêt scientifique. Or la science rapproche les esprits et les distances, et il y aurait de notre part coupable négligence, et presque ingratitude à ne pas vous donner, après une course caractéristique de Madrid, celle de sa sœur cadette qui nous a si bien reçus. Nous aurons d'ailleurs le loisir de revoir l'Espagne plus en détail.

CHAPITRE DEUXIÈME

LISBONNE

Nous arrivons à Lisbonne, le 22 septembre, à six heures du matin, après avoir, une bonne heure, longé les rives merveilleusement belles du Tage, large de 10 à 15 kilomètres, empourpré du soleil levant, et contemplé, du plus loin possible, l'aspect grandiose de la cité étagée en amphithéâtre sur les collines qui bordent le côté droit du fleuve. Ce magnifique panorama, rival de celui de Naples, a donné lieu à un distique populaire jouant sur la terminaison *boa*, féminin de *bon*.

Quien nao tem visto Lisboa,
Nao tem visto cousa boa (1).

L'origine de la ville se perd dans la nuit des temps. La tradition veut qu'elle ait été fondée par Ulysse, et le nom même de *Lisboa* ne serait que la contraction de *Ulyssipo*.

Quoi qu'il en soit, nous arrivons fatigués de deux nuits en chemin de fer, et nous nous mettons en quête d'un hôtel, pour nous y reposer. Le *Central* où la plupart des congressistes étaient descendus, était au grand complet. Nous nous rabattons sur le *Gibraltar* qui a plus de couleur locale. C'est un ancien couvent, devenu plus tard manoir seigneurial, puis hôtel ayant encore de son ancienne affectation un vaste et beau vestibule et un escalier monumental de bois d'acajou massif sculpté maîtrement, à double rampe. Il est très agréablement situé au sommet de deux rues montantes qui se suivent, allant l'une au port, l'autre à la place don Pedro; en face, le

(1) Qui n'a pas vu Lisbonne,
N'a pas vu chose bonne.

Chiado, une des plus belles rues de Lisbonne, qui suit le dos de la colline; en arrière, une vallée profonde au delà de laquelle la vieille ville s'étend au loin en ondulations majestueuses. On nous donne, au premier, en montant par l'entrée principale du *Chiado*, deux bonnes et hautes chambres contiguës sur une longue enfilade bordée d'un large balcon formant au-dessus de la vallée, promenoir à une hauteur démesurée, grâce à la déclivité rapide de la colline sur laquelle repose l'hôtel. De là, matin et soir, nous pouvons contempler alternativement le lever du soleil ou de la lune au delà du Tage, à l'orient lointain qui se déroule sous nos yeux; et, à gauche, la perspective des collines semées de bâtisses riantes, tout en regrettant qu'elles ne soient pas mieux boisées. Profitant d'un climat favorable à la culture de tant d'essences diverses, les Lisbonnais pourraient en décorer d'une manière charmante les croupes arrondies de leurs faubourgs. Le pin franc, dit parasol, si fréquent en Italie, y ferait, en particulier, excellente figure. Nous n'avons pas négligé une occasion d'en suggérer la pensée à nos hôtes obligeants.

Le Congrès des sciences préhistoriques avait été ouvert le lundi 20 septembre, à une heure, en présence du roi père, don Fernand, président, et de son fils, don Luis, le roi effectif, tous deux artistes et lettrés, dans la grande et belle salle de la Bibliothèque de l'Académie des sciences. Il avait, dans cette première séance, procédé à l'élection de son bureau où une belle place était faite à nos savants français fort en honneur chez les Portugais. Le lendemain, 21 septembre, il avait, le matin, de neuf heures à midi, discuté deux questions fort intéressantes :

1° *Y a-t-il des preuves de l'existence de l'homme en Portugal pendant l'époque tertiaire ?*

Quelques membres du Congrès avaient conclu affirmativement. D'autres, plus nombreux, et M. de Quatrefages parmi eux, avaient fait leurs réserves, « l'état actuel de la science ne permettant pas de trancher la question. »

2° *Comment se caractérise l'âge paléolithique en Portugal, pendant l'époque quaternaire* (1) *?*

(1) On nous excusera de ne donner ici que le squelette de nos séances. Nous faisons une description de voyage pittoresque et non scientifique. Les *Mémoires du Congrès* publiés *in extenso* donneront toute satisfaction aux lecteurs que nos courtes indications pourraient mettre en appétit. Le Congrès des *Sociétés des Gens de lettres*, qui se réunissait à l'École polytechnique, a également publié ses Mémoires, pour mieux défendre les graves intérêts qu'il a noblement défendus.

Les séances de l'après-midi, de trois à cinq heures, étaient publiques et ouvertes à la libre discussion.

Or, ce mercredi, à l'heure même de notre arrivée, les congressistes étaient partis en tournée d'exploration pour Otta et Azambuja. Nous profitons, mon voisin et moi, de notre liberté, d'abord, pour nous étendre sur nos lits durs et bas comme la planche d'un cercueil, — et c'est là qu'il nous fallut parlementer, par gestes expressifs, auprès de la cameriste, afin d'obtenir un matelas supplémentaire ; — puis, non sans avoir déjeuné convenablement, pour faire une promenade délicieuse à Bélem et au delà. Nous descendons à droite de l'hôtel, sur la place don Pedro, ornée au centre, d'une colonne surmontée de la statue du roi de ce nom et pavée noir et blanc en mosaïque ondulée donnant l'illusion de sillons retournés. Nous prenons le *tram* qui longe le Tage : c'est un grand char à bancs couvert et garni de simples rideaux de toile, ce qui permet la plus grande fraîcheur possible. Nous admirons en passant la vaste et superbe *place du Commerce* (les Anglais l'appellent place du *Cheval de bronze*, à cause de la belle statue équestre de Joseph Ier qui la décore), les quais, la rade, son mouvement, ses vaisseaux de tous les pays, mais bien moins nombreux que nous ne nous l'étions imaginé. Après avoir atteint le point extrême de la ligne, nous revenons sur nos pas à Bélem, pour y visiter l'église, le couvent et surtout la tour militaire solidement assise sur les rochers tourmentés qui bordent le Tage. Ici, qu'il me soit permis de dire qu'un fou rire, communicatif pour tous ceux que nous interrogions, nous prit en cherchant à vérifier une singulière observation de Quinet. Nous avions lu dans son livre (1) : « Imaginez, *dans* le Tage, une vieille citadelle dont *les* tours gothiques sont portées sur de gigantesques hippopotames de granit, quelques-uns nageant à fleur d'eau, et les autres se vautrant dans les sables, etc. » Et comme immédiatement après, il parle du monastère de Bélem, nous nous étions figuré, en admettant qu'il eût vu double (ce qui est permis à un poète), qu'il s'agissait de notre tour. Évidemment, il avait en vue l'antique forteresse qui, avec ses deux tours rondes au beau milieu du Tage, commande un peu plus loin l'entrée du port, et que nous ne connaissions pas encore, mais où il serait tout aussi difficile de

(1) *Mes Vacances en Espagne et en Portugal* (1843), p. 253.

trouver « des hippopotames de granit. » Enfin, nous cherchons, mais en vain. « Montons toujours, nous disions-nous l'un à l'autre, peut-être verrons-nous les hippopotames d'en haut. » Un jeune élève de l'École navale, s'exprimant assez bien en français, nous conduit : « Où donc, lui dis-je, sont les animaux qui, taillés dans le vif du rocher, semblent se jouer dans les flots ? » Un accès de rire homérique le prend. Il nous regarde d'un œil particulièrement interrogateur, se demandant probablement si le soleil de Lisbonne (il aurait cuit des œufs), n'avait pas dérangé légèrement l'équilibre de nos facultés françaises.

Quoi qu'il en soit, la tour de Bélem mérite toute admiration. Construite vers 1400, en une sorte de pierre meulière d'une dureté à toute épreuve, elle présente un carré bien proportionné, avec des murs de 2 mètres d'épaisseur, s'élevant sur un terre-plein fortifié et casematé qui s'avance dans le Tage. Le style en est gothique, simple, riche et élégant à la fois ; les angles sont flanqués de tourelles en poivrières, d'où l'observation s'exerce aisément sur tous les points de l'horizon. D'étage en étage règnent des balcons ouvragés à jour d'un effet délicieux. Les salles superposées, d'environ 8 mètres de côté, vous donneraient envie d'y habiter; enfin la terrasse est le plus beau belvédère qu'on puisse imaginer. Les oubliettes sombres, profondes, effroyables que l'on découvre du rez-de-chaussée, à travers de fortes grilles de fer, vous font froid dans le dos. C'est là qu'on pourrait inscrire le vers du Dante :

Lasciate ogni speranza, voi ch'entrate.

Les Lisbonnais sont justement fiers de leur tour, qui a résisté à tant de guerres et même au tremblement de terre de 1775. Ils l'entretiennent avec un soin intelligent et jaloux. Si j'avais, comme statuaire, à représenter la belle capitale du Portugal, je lui mettrais le couronnement de la tour de Bélem sur la tête.

A cinq minutes des bords du Tage, à la même hauteur que la tour, la grande route longe le vieux monastère des Hiéronymites. La porte latérale de la basilique est un remarquable échantillon de ce style gothique rutilant portugais dont on a vu un fragment surmoulé à l'Exposition de 1878. On s'y perd dans les détails, les arabesques, les fleurons et les statues. Au delà d'un vestibule obscur, apparaît l'intérieur vraiment splendide de l'église du style moresque le plus pur. La tribune des orgues attenante au cloître est immense. Là se trouvent les stalles des moines toutes sculptées avec ce dévergondage bizarre qui caractérise tant d'œuvres de ce genre. Le chœur est de style grec. Le monastère est contigu à l'église. Le cloître présente des dentelures de pierre du travail le plus exquis. Les murs de l'ancien réfectoire des moines sont encore recouverts de vieilles faïences en camaïeu. Ce goût de faïences coloriées est d'ailleurs conservé en maint endroit même de la nouvelle ville bâtie depuis 1755 : c'est un des traits caractéristiques de sa physionomie. On a fait de ce qui reste du couvent de Bélem une maison d'orphelins, et ce qui reste est bien découronné : hélas! la superbe tour de *San Hieronymo* s'est effondrée, il y a peu d'années, enfouissant sous ses décombres bien des merveilles.

Le soir, nous nous rendons au grand concert Breton, derrière le Jardin public, pas loin de notre hôtel. Breton (un Espagnol), c'est le Pasdeloup, le Colonne ou le Lamoureux de Lisbonne. Nous y entendons d'excellente musique classique, et remarquons dans l'assistance quelques types distingués de la race portugaise. Nous nous promenons volontiers dans les cours plantés et dans les couloirs fantastiques représentant d'une façon assez primitive des antres marins, qui environnent la salle dont la charpente toute à nu est plus primitive encore. C'est avec une patriotique surprise que nous avisons deux gamins portant casquette aux couleurs françaises et criant à tue-tête : *Le Petit Journal!* Malheureusement les nouvelles ne sont pas des plus fraîches. La foule circule librement, placidement et nous rentrons avec elle, vers onze heures, admirant encore les promenades, les places, les rues bien éclairées de la cité.

Le lendemain, jeudi, 23 septembre, à onze heures, séance du Congrès. On y devait discuter la troisième question :

Comment se caractérise l'âge paléolithique du Portugal :

1° *Dans les Kjœkkenmœdings* (mot danois qui signifie *restes culinaires*) de la vallée du Tage ;

2° *Dans les cavernes soit naturelles, soit artificielles, contenant des restes humains et des produits de l'art ;*

3° *Dans les monuments mégalithiques et dans les autres stations.*

Je prends résolument, pour m'y rendre, le chemin de l'écolier.

Si vous voulez bien, lecteur, m'y accompagner, nous suivrons tout d'abord le *Chiado* bordé de boutiques assez belles où s'étalent nombre de produits anglais ou français avec leurs prix marqués en *reis* dont 200 font environ 1 franc. Jugez des chiffres! Qu'un chapeau d'homme venant de Paris soit coté 5,000 reis, point ne faut en être surpris ; et que sera-ce d'un chapeau de femme élégante! Les Portugais sont aussi bien protégés que les Espagnols. Au bout du *Chiado*, deux églises, style jésuite, se font face l'une à l'autre... pour la symétrie ; puis s'ouvre la place de Camoëns, où, en 1879, à l'occasion du troisième centenaire de la mort du célèbre poète, une belle statue de marbre blanc a été élevée à sa mémoire. Quatre des héros des *Lusiades*, poème publié en 1572, l'année même de la Saint-Barthélemy, ornent le piédestal.

Chacun sait les vicissitudes, les ennuis, les persécutions que ce grand homme, grand de toutes pièces, véritable incarnation du génie portugais aux âges héroïques, surmonta avec tant de cœur dans sa courte carrière. Né à Lisbonne, en 1525, issu d'une famille noble et pauvre de Coïmbre, il prit part à la guerre contre le Maroc, perdit un œil devant Ceuta, partit, oublié, méconnu, en 1553, pour les Indes où il servit, fut relégué à Macao, pour s'être permis une satire contre le vice-roi des établissements portugais, et y composa son poème immortel, qu'il sauva d'un naufrage à Cambodge, nageant d'une main, son manuscrit élevé de l'autre au-dessus des flots. Accusé de malversation, emprisonné, il revint enfin, en 1559, en Europe. Le roi Sébastien lui fit une pension dérisoire d'environ 150 francs. Il mourut de misère à l'âge de cinquante-quatre ans. Voilà l'homme, le poète étonnant de génie dont le Portugal, dont l'esprit humain s'honore, qui eut la gloire (Dante occupe une place à part, éminente entre toutes) de créer en Europe le poème épique moderne. *La Jérusalem délivrée* du Tasse ne parut qu'en 1575.

Ce génie, méconnu de son vivant, avait sa place marquée au pilori-panthéon illustré par Glaire (1) et chanté par Béranger.

On les persécute, on les tue,
Sauf, après un lent examen,
A leur dresser une statue
Pour la gloire du genre humain.

(1) Musée de Marseille.

Cependant, quand on pense ce que vaut un seul vrai grand homme pour tout un peuple! Quel coefficient à sa fortune, à son honneur! Effacez par la pensée les noms d'un Vasco de Gama ou d'un Camoëns de l'histoire du Portugal: quelle brèche, quelle lacune irréparable! Voilà ce que je me disais, tout en errant, sur la droite, par de petites rues montantes et pittoresques, et en me rapprochant insensiblement du lieu de nos séances. J'avais autour de moi un essaim de maisons élevées, peintes de couleurs variées ou revêtues de faïences, avec fenêtres, la plupart ouvertes, ornées de balcons et de jalousies vertes et aussi, il faut le dire, de linge séchant au grand soleil. Les toits, recouverts de tuiles voyantes, en sont légèrement relevés aux quatre angles, à la manière chinoise. J'allais, je venais, observant les mouvements d'une population trop mêlée en général pour avoir un cachet bien caractèristique, mais distinguant pourtant la tenue honnête, la démarche empressée, ferme, résolue des marchandes de poissons, qui, seules ou à peu près, tranchent, par leur costume et par leur type pur et accentué, sur l'ensemble du populaire. Légères et court-vêtues, les pieds nus ou armés de gros souliers, le jupon de bure brune relevé par une épaisse ceinture de laine noire qui les prend aux hanches, la tête ombragée d'un large *sombrero* (chapeau de feutre noir) et chargée du panier, parfois même ayant en outre un enfant dans les bras, elles parcourent tous les quartiers, criant leur marchandise, fidèles à leur antique corporation et à la vie de famille. Pendant ce temps leurs maris, leurs fils sont à la pêche ou au port. Les dimanches et les jours de fêtes, on les voit, accompagnées de ces derniers, plus ou moins parées, et faisant miroiter au soleil de grands bijoux d'or, colliers, broches et pendants d'oreilles, pour lesquels elles ont un goût décidé et qui attestent leur infatigable ardeur au travail, comme aussi leur respect pour l'héritage maternel.

J'arrive enfin au Congrès, fort bien organisé, grâce aux soins du Comité portugais, et notamment de M. Joao de Andrado Corvo, son président, et de M. Carlo Ribeira, son secrétaire général, et largement installé. Un de ses secrétaires particuliers, M. Ramalho Ortigao, habile écrivain qu'on a surnommé l'Alphonse Karr portugais, à cause des *Guêpes* qu'il publie, m'introduit avec courtoisie, fait viser ma carte, et j'assiste à des débats fort intéressants, conduits exclusivement en langue française, auxquels des savants illustres de tous les pays prennent part, devant une nombreuse assistance où les dames, et surtout les Allemandes, ne manquent pas. Non, la science n'est pas un vain mot : on le sent à l'attrait qu'elle inspire partout, aux fruits innombrables qu'elle porte et que, chacun de nous, nous savourons jour par jour, sans même nous souvenir assez du rôle considérable qu'elle y joue; enfin aux honneurs éclatants qu'on lui rend et qu'elle mérite. Or, de toutes les sciences, celles qui s'occupent de l'homme et de ses relations avec le monde visible ou invisible qui l'entoure, sont les plus nobles. Distinguons, mais ne séparons pas ces deux mondes qui se pénètrent et se soutiennent mutuellement : le monde des idées et le monde des faits sensibles. Faisons à la science des faits sensibles sa part, sa très grande part; mais laissons à la science des idées, au sentiment moral et religieux, à la métaphysique elle-même (et que de sciences en sont tributaires!) sa place. Ne pensons pas avoir fait une découverte ni avoir favorisé le généreux élan qui nous pousse au progrès, pour répéter avec certains esprits plus téméraires, plus superbes que judicieux : « La science sera la religion du XIXᵉ siècle. » Ce n'est là qu'une très regrettable confusion. C'est un amoindrissement de l'homme qui vit d'espérances et d'aspirations, qui a des instincts sublimes, immortels, pour qui le *positif*, le réel, est infiniment plus que ce qui se voit, se touche, se chiffre, se pèse ou se décompose. Notre histoire l'atteste.

Je suis homme et d'humain rien ne m'est étranger,

voilà la devise du savant penseur, et notamment de l'anthropologiste qui ne saurait se contenter de pure physiologie. Il s'intéresse à tout, il veut que la science dont tous les hommes ne peuvent atteindre les sommets, s'humanise, elle aussi, et qu'elle profite à tous, même aux plus petits, et cela en épurant et en fortifiant le sens moral et religieux, qui n'a rien à redouter d'elle.

Faisons une sainte alliance
Et tendons-nous la main :

n'est-ce pas l'un des buts, l'un des meilleurs résultats de tout Congrès scientifique ou littéraire ? Les peuples ont beaucoup à gagner à ces pacifiques rencontres, à ce généreux échange, à cette émulation salutaire. Les conquêtes de la guerre n'ont jamais valu ni duré ce que valent et durent les paisibles conquêtes de la science et du travail. Lisbonne, m'ont dit plusieurs de nos hôtes empressés, avait besoin d'une impulsion nouvelle. Vos belles et intéressantes assises vont la lui donner.

Telle était aussi l'opinion du nouveau consul d'Espagne, M. de Gonzalès, notre commensal à l'hôtel *Gibraltar*, qui, amoureux de la France, et après avoir rempli sa charge à Perpignan et à Marseille, attendait le moment de reprendre son service quelque part sur les bords français de la Méditerranée. Il nous fit part de ses impressions, celles d'un bon Espagnol, tandis que, après dîner, vers huit heures, nous observions un balcon le mouvement lent et monotone du *Chiado*. « Voyez, dit-il, combien cette population diffère de celle de Madrid, de la plupart de nos grandes villes d'Espagne ! Ici, elle a l'air triste, elle marche au pas de procession. Encore une heure ou deux, vous ne verrez plus que quelques rares retardataires. Peu ou point de voitures : il est vrai que, hors les quais, les rampes rapides rendent le service des véhicules difficile. Mais pourquoi cette indolence, cet air résigné, alangui chez un peuple que l'on imaginerait volontiers actif, entreprenant, résolu ? Il me semble toujours que les Lisbonnais portent encore le deuil, le deuil plus que séculaire, de l'épouvantable tremblement de terre qui détruisit la moitié de leur ville. — « Hélas ! peut-être, lui répondis-je, mais à coup sûr ils subissent encore, malgré tout ce qu'ont pu faire les princes actuels, animés de sentiments libéraux et dévoués à la prospérité publique, les suites lointaines d'un régime politique et religieux propre à endormir les âmes. Même après les efforts, l'énergique activité du célèbre marquis de Pombal, premier ministre de Joseph Ier, qui, en une nuit, sans tambour ni trompette, fit, en 1757, embarquer tous les Jésuites pour les expédier au loin, qui dira toute la part que ce vieux système d'incorrigibles (*sint ut sunt aut non sint !*) a encore aujourd'hui dans l'esprit du clergé, des fonctionnaires, dans les dispositions, dans le tempérament même de la nation ? Qui ne se rappelle les fautes, les vices des règnes qui se sont succédé depuis la mort de Joseph (1777), en particulier de dona Maria la folle, empressée à défaire ce que Pombal avait fait au prix de tant de luttes et de tant de travaux ? Et les machinations, les guerres civiles ourdies par les Miguélistes ! L'absolutisme d'en haut comme celui d'en bas a eu de tout temps une influence délétère. L'intrusion des hommes d'Église dans la politique est fâcheuse; car les représentants de la religion se doivent également à tous. En s'inféodant à un parti, ils en deviennent aisément les victimes, comme nous l'avons pu voir en France, il n'y a pas si longtemps. La liberté est comme la lance du héros qui blesse et guérit. Heureux les peuples qui savent être libres sans licence et forts sans violence! Heureux si, dédaignant les vains discoureurs et les utopistes ambitieux, ils savent s'unir sans esprit de parti, dans le travail et par le bon sens, dans la bonne humeur et surtout par la charité! France, ô mon pays, après avoir oscillé si longtemps entre des extrêmes opposés et heurté tant d'écueils, ouvre tes voiles au vent du ciel, et puisse-t-il, sur le flot populaire, te mener au port du salut!

Oui, Français, soyons Français avant tout : un bon esprit public est indispensable pour faire une bonne république et pour préparer le joyeux avènement des États-Unis d'Europe. En attendant, on est heureux d'entendre au loin, comme il nous est arrivé ce soir-là, et depuis en Espagne comme en Portugal, des étrangers de distinction rendre hommage à nos récents efforts dans ce sens.

Le 29 septembre, le Congrès fit sa seconde excursion scientifique qui avait pour but Santarem et Mugem. Il suivit en chemin de fer la rive droite du Tage jusqu'à la première de ces localités, située à 75 kilomètres nord-est de Lisbonne. Là, il traversa le fleuve sur le beau pont en construction, pour remonter en voiture et se rendre, parcourant 16 kilomètres, aux alentours de Mugem, où il put examiner à loisir, sur les bords des tranchées fraîchement ouvertes, les dépouilles de l'industrie humaine aux plus anciens temps, des restes de vertèbres et des squelettes humains enveloppés dans la masse des coquilles qui forment la partie principale du monticule. Il y découvrit bien des choses intéressant la science. Cependant, l'homme vivant et son ardente curiosité pour tout ce qui le concerne, fut ce qui me frappa le plus. Cette visite, depuis longtemps annoncée dans les campagnes pittoresques où elle devait avoir lieu, avait tenu en éveil la foule des paysans qui, endimanchés, montés pour la plupart sur d'excellents chevaux, excellents cavaliers d'ailleurs, se trouvaient au rendez-vous plus nombreux que les anthropologistes eux-mêmes, et étaient enchantés de jouir d'un spectacle auquel ils prêtaient, sans le savoir, un attrait tout particulier pour nous. C'était un échange fraternel d'observations ou naïves ou réfléchies, une rencontre amicale dans un pays qui en a vu souvent de moins pacifiques.

Le soir, à huit heures, nous étions invités au théâtre du *Recreios*, à une belle représentation en notre honneur. Elle commença par *la Bienvenue*, pièce en vers français fort bien tournée par M. Mendès Léal, ministre du Portugal à Paris, et dite par un acteur aveugle de talent. Ce théâtre est une des curiosités les plus récentes de Lisbonne. Perché, comme une acropole, au sommet d'un monticule, les abords en sont largement dessinés et plantés. Le promenoir horizontal qui, pour ces climats, vaut mieux qu'un foyer, se termine d'un côté par un palmier superbe, et de l'autre par un orchestre qui, dans les entr'actes, nous joua des airs patriotiques de différents pays, *la Marseillaise* au premier rang.

Le lendemain, 25 septembre, le Congrès reprit le cours de ses discussions en examinant, le matin : *Quelles sont les notions acquises sur les caractères anatomiques des habitants du Portugal dans les temps préhistoriques?* et l'après-midi, en présentant un certain nombre de rapports. Un exemple des plus curieux de microcéphalie monstrueuse, celui d'une jeune Portugaise idiote et fort petite, ressemblant aux Azteks que nous avons vus à l'Hippodrome, fut soumis à l'assistance et excita au plus haut point la curiosité.

Le soir, nous allons, mon inséparable et moi, à la clarté d'un ciel brillamment étoilé, respirer le frais au bord du Tage, sur les bancs de marbre blanc qui dessinent le côté sud de la place grandiose du Cheval de Bronze (*praça de Commercio*). Là, nous contemplons tour à tour le fleuve majestueux célébré par les poëtes, et la belle ordonnance de l'œuvre de Pombal qu'environnent de somptueux édifices : la Bourse, la Douane, l'hôtel des Indes, l'Intendance de la Marine, les Ministères, le Bureau central du Télégraphe électrique et l'Hôtel de ville. Au milieu, du côté nord, un grand arc de triomphe forme l'entrée de la rue *Augusta*. Nous devisions de la grandeur passée de ce peuple colonisateur, qui compte encore tant d'hommes distingués. Mais nos méditations furent écourtées par une observation d'hygiène pure. Les émanations de l'anse au bord de laquelle nous étions assis et qui reçoit maint égout, n'étaient rien moins qu'odoriférantes. Les vapeurs du Tage troublaient l'air de plus en plus. Nous rentrâmes en nous félicitant de loger à une hauteur respectable. Chose assez piquante pour être mentionnée ici : c'est en suivant la belle rue *do Ouro* que je trouvai enfin, chez un libraire français, le *Guide-Joanne diamant en Espagne et en Portugal* : je l'avais demandé en vain sur tout mon parcours, en commençant le matin même de mon départ par la maison Hachette. L'édition épuisée, l'ouvrage était à la refonte. Il gagnera à quelques retouches ; en somme il est bon et bien suffisant pour qui sait voir par lui-même.

Le dimanche, 26 septembre, fut un jour de repos bien et agréablement employé. Nos hôtes prévenants nous avaient donné rendez-vous à neuf heures, au Musée d'architecture et d'archéologie, magnifiquement installé, tout près de notre hôtel, dans ce qui reste, depuis l'horrible tremblement de terre, d'une des plus anciennes et des plus belles églises gothiques de Lisbonne. Rien de plus poétique que ces ruines élégantes que, la veille déjà, j'avais contemplées au clair de lune et cela avec d'autant plus de ravissement que nul n'avait songé à me les indiquer. Le Guide diamant n'en dit pas un traître mot. Figurez-vous une église en contre-bas de 2 mètres, où l'on descend par un escalier des plus modestes. La nef est à ciel ouvert; seules quelques nervures ogivales, élégantes et légères, arc-boutées sur leurs pilastres, attestent la hauteur de la voûte qui n'est plus. Les ornements sont sobres et gracieux; les câbles sculptés, enroulés autour des colonnettes et des ouvertures béantes, n'ayant plus pour vitraux que le ciel bleu, plaisent par leur nouveauté comme par leur couleur locale et leur appropriation : c'est un hommage rendu à une puissance maritime de premier ordre; c'est aussi une allusion à la chaîne qui lie la Barque mystique au Port du salut. Partout dans cette enceinte, des pierres, des tombeaux admirablement sculptés, des grilles superbes et autres restes mémorables de l'antique basilique et des monuments qui ont disparu. Là, je m'étais, la veille, vers dix heures du soir, souvenu de l'admirable description des *Ruines de Palmyre*, par Volney, tandis que « assis sur le tronc d'une colonne, le coude appuyé sur le genou, la tête soutenue par la main, je m'étais abandonné à une rêverie profonde : voilà me disais-je, ce que durent les ouvrages des hommes! » Mais je n'ajouterai pas avec Volney : « Ainsi périssent les empires et les nations !... » Non, décidément les nations chrétiennes (je prends ce mot au sens le plus large) ont une vitalité plus grande, plus résistante, que les peuples de l'antiquité. Elles ne périssent point, elles se développent, se transforment, se renouvellent, sans compter qu'elles se sont enrichies de tout ce que les anciens leur ont légué de meilleur. Oui, l'Évangile est bien, quoi qu'on dise, pour les sociétés comme pour les individus, « le sel de la terre et le levain qui fait lever la pâte ! » Voici un peuple, jeune encore et fort pour les nobles travaux des sciences et des arts, qui, s'il n'a plus la splendeur des vieux âges, peut en trouver une nouvelle. En attendant, il recueille pieusement, dans une enceinte sacrée, où ne parqueront probablement jamais « les bêtes immondes » les souvenirs qu'il vénère et qui l'honorent.

Cette impression, je l'éprouvai plus vivement encore, quand, sous la conduite du savant président de la Société archéologique de Lisbonne, nous pûmes pénétrer dans le chœur, qui, mieux conservé que la nef, offre un sûr et majestueux abri à des trésors accumulés un peu au hasard. Là sont des vitrines renfermant, entre autres, des spécimens infiniment rares et curieux de l'âge de pierre ou de bronze; des statues, des monuments funéraires évoquant les plus glorieux souvenirs; des singularités provenant des peuples les plus sauvages grandis par la civilisation..... hélas! et aussi des instruments de torture qui rappellent les horreurs commises par les vainqueurs dans l'ivresse de la conquête, sous l'empire odieux de la soif de l'or ou de la domination. Quel étrange animal que l'homme, l'homme même le plus raffiné, l'homme qui s'estime complaisamment plus éclairé ou plus saint que ses semblables! La sainteté prétendue, prétentieuse et dominatrice (et c'est la fausse), celle de l'Inquisition par exemple, et celle de nombre de gens encore, se justifie de toutes les scélératesses, de toutes les infamies qu'elle commet par fanatisme ou par hypocrisie; la vraie s'ignore elle-même et brille par la mansuétude, par la charité. « Monstre incompréhensible! » disait Pascal. Oui, et pourtant ce monstre s'humanise et finit par se comprendre lui même en s'élevant à son Auteur; il s'intéresse à tout, il déchiffre les plus sombres énigmes de l'histoire et de la vie commune, s'il écoute, sans faiblesse comme sans orgueil, la voix divine qui s'élève en lui dans sa conscience, et autour de lui, dans la nature et dans les événements les plus divers. Or le plus grand de ces faits qui l'éclairent, c'est aussi le plus humble en apparence, c'est la venue au monde du Saint et du Juste. Béranger l'a dit :

> Sur la croix que son sang inonde,
> Un fou qui meurt nous lègue un Dieu !

Mais, hélas ! où est-il ? Que de fois nous pourrions répéter le mot de Marie-Madeleine : « On nous a pris notre Maître, et nous ne savons où on l'a mis ! » Telle fut notre réflexion, en visitant, au sortir du musée, toujours en nombreuse compagnie, deux ou trois églises de Lisbonne, et nommément la plus riche et la plus curieuse de toutes *San Roque*. Sa chapelle de Saint-Jean-Baptiste, fermée par une grille magnifique, voilée d'un rideau, regorge de richesses. Le fond et les deux faces latérales sont revêtues d'admirables tableaux en mosaïque romaine. Ce sont : *l'Annonciation*, d'après le Guide ; *le Baptême de Jésus-Christ*, d'après Michel-Ange, et *la Pentecôte*, d'après Raphaël. On ne pourrait mieux choisir. Les marches de l'autel sont de porphyre et de granit d'Égypte ; l'autel est enrichi d'améthystes et de lapis-lazuli montés en argent massif ; les colonnes sont de lapis et de cornaline. Cependant, l'intérieur de l'église nous a paru, somme toute, théâtral et froid. Le culte chrétien s'accommode mal, ce nous semble, d'un pareil entassement de richesses. Certes, le beau, l'idéal lui convient. Mais il faut que cette beauté soit essentiellement divine et que la main de l'homme voile en quelque sorte son œuvre d'une chaste et noble simplicité ; il faut que la parole de Dieu, Beauté primordiale, Verbe créateur et régénérateur, ait la première place ; il faut qu'elle retentisse, dans l'enceinte sacrée, claire, intelligible à tous, dans sa suavité comme « dans l'éclat de de son tonnerre. »

Pour nous rendre au Muséum d'histoire naturelle, à l'École polytechnique entourée d'un beau jardin botanique, et à l'Imprimerie nationale, nous suivons un chemin montant qui passe par une terrasse délicieusement plantée, d'où l'on a une vue d'ensemble vraiment grandiose sur la ville, la campagne, le Tage. Je ne dirai point les nombreuses prévenances dont nous fûmes les objets. Plusieurs savants nous firent hommage de travaux importants, publiés en portugais, avec le français en regard. M. Deslandes, descendant de Français, directeur de l'Imprimerie nationale, nous donna à chacun un exemplaire de la récente édition du Camoëns traduit en vers latins.

A midi et demi, nous avions, quelques-uns d'entre nous, le plaisir d'offrir un déjeuner cordial aux représentants de la presse lisbonnaise. L'après-midi fut consacré à la musique classique, M. Breton, l'habile chef d'orchestre espagnol, ayant, à la prière des organisateurs du Congrès, consenti à prolonger son séjour en faveur de cette gracieuse invitation. En sortant de là, quelques vaillants trouvèrent encore le loisir de faire une courte visite au parc *das Necessidades*, palais du roi don Fernand, et même, en devançant l'heure du banquet royal, à l'*Ajuda*, et d'y voir l'Observatoire astronomique, le Musée numismatique et la Bibliothèque royale.

C'est un beau et imposant palais que l'*Ajuda*, véritable Louvre de Lisbonne, situé au centre d'un amphithéâtre élevé d'où l'on découvre toute la ville et le mouvement de la rade. Le roi don Luiz y habite ; il nous attendait, ce jour-là, à sa table hospitalière. Partis à sept heures et demie, du *Gibraltar*, mon ami M. G. Pouchet, professeur au Muséum de Paris, et moi, dans une bonne voiture, nous arrivons à huit heures, heure dite. La vaste esplanade du Palais était déjà couverte d'équipages et de fiacres. Tout se passe dans un ordre parfait. On nous introduit dans une grande salle d'attente au rez-de-chaussée. Puis on nous fait monter fort haut par un escalier assez modeste. Nous montons deux, trois étages, tout surpris d'arriver enfin à des salons très élevés, ce qui s'explique par la déclivité du terrain. L'un d'eux renferme des curiosités infiniment précieuses, telles qu'une châsse byzantine en vermeil ciselé, émaillé et enrichi de pierreries fines, et, sur un piédestal isolé au centre du salon, un vase circulaire d'or massif, portant à l'extérieur les exergues et à l'intérieur les faces des plus belles médailles romaines. Un autre salon est décoré de tableaux de diverses écoles, inégaux en mérite, parmi lesquels je remarque la grande toile, par trop sauvage, d'un peintre français, représentant, je crois, la princesse de Lamballe ou toute autre victime de la Terreur, entourée de soldats féroces et de têtes coupées. Je ne voudrais pas, pour mon compte, d'un pareil spectacle pour me mettre en appétit les jours de grand gala. Ce salon communique à l'immense salle du festin où l'on nous introduit vers neuf heures, au nombre de deux cents environ, et où chacun trouve sa place marquée à son nom, avec un élégant menu — qui tint promesse. Ce fut pantagruélique. Je renonce à décrire, à vanter les plats, les vins, les meilleurs crus du monde, les splendeurs du service : dessus de table opulent, vaisselle plate d'or et d'argent, faïence, porcelaine et cristaux artistiques, laquais innombrables en livrée cerise. On m'accuserait de vouloir faire venir l'eau à la bouche, et surtout de démentir l'austérité bien connue des républicains qui peut, en passant, s'accommoder d'un banquet fastueux, mais qui ne saurait s'y complaire :

Le régal fut fort honnête ;
Rien ne manquait au festin,
Et nul ne troubla la fête,
Tandis qu'on était en train.

Or on était en train, je vous assure. « Rien ne manquait, » pas même la gaieté, ni les conversations les plus animées, les plus franches, sous l'œil même d'un roi parlementaire, homme de lettres (1), qui cette fois se trouvait présider et sans prétention aucune, la représentation cosmopolite de la République universelle des Lettres. Je n'ai pu avoir l'oreille à tout, mais on me per-

(1) Le roi actuel de Portugal, don Luiz, a traduit plusieurs drames de Shakespeare.

mettra de reproduire ici un entretien caratéristique que je n'ai point provoqué et dont je garde un ineffaçable souvenir. La bonne fortune ou plutôt l'analogie des noms m'avait placé à l'extrémité de la table, entre un négociant archéologue de Dantzick, M. Munsterberg, qui, vers 1850, avait été hospitalièrement reçu par mon défunt père à Bordeaux, et qui m'en témoignait sa lointaine gratitude, et le docteur Langerhans de Berlin, membre du Reichstag. Puis venaient l'aide de camp du roi Luiz et le célèbre docteur Virchow. Le général, remarquant mon nom et m'entendant parler alternativement allemand et français : « Vous êtes sans doute, me dit-il, au cours du repas, Allemand d'origine, quoique parlant fort bien français ? — Pardon, général, Strasbourgeois par mes ancêtres, mais né sur les bords de la Méditerranée, à Cette, d'un père strasbourgeois et français. — Ah ! strasbourgeois et français ? Mais Strasbourg a été longtemps à l'Allemagne, et lui est retourné après deux cents ans environ d'occupation étrangère. » Mon interlocuteur, galant homme d'ailleurs s'il en fut, avait tout l'air de vouloir me mettre à l'épreuve. J'en étais ravi, car l'occasion était bonne entre toutes : « Oui, répondis-je, strasbourgeois et bon français. Strasbourg, vous le savez, général, a été au moyen âge et jusqu'à la conquête de Louis XIV (1682), ville libre impériale, possédant toutes ses franchises municipales; elle n'a jamais été prussienne. Elle a embrassé chaudement la cause de 89, et la communauté des sentiments et des intérêts l'avait, comme l'Alsace tout entière, soudée à la France. — Soit, mais dans un temps où les nationalités tendent à l'unité, Bismarck a fait œuvre de grand patriote et servi les intérêts de son pays. C'est un grand homme, n'est-il pas vrai? — Pardon, général, un habile ministre prussien, oui; un grand homme, j'en doute encore. Pour être grand homme, il faut, si je ne me trompe, plus que ce qu'il est, que ce qu'il a fait. Nous avons un proverbe qui dit excellemment : *Rien ne réussit comme le succès.* Or M. de Bismarck aurait bien moins de succès, si sa politique eût moins bien réussi. Supposez, ce qui pouvait arriver aisément, car il tentait un vrai coup d'audace (*ein wahres Wagestück,* ajoutai-je pour mes trois témoins allemands dont les oreilles se dressaient), supposez un moment qu'il eût échoué dans son entreprise hasardeuse, d'unité artificielle, de conquête violente sous l'hégémonie prussienne : me diriez-vous ici, aujourd'hui : Bismarck est un grand homme ? Espérons que la paix, l'union des peuples mieux éclairés sur leurs vrais intérêts, réparera les injustices de la guerre. » Sur ce mot, le docteur Langerhaus, mon voisin de droite, me prit la main, la pressa dans la sienne, et me dit: « Je pense comme vous, monsieur. » M. Wirchow se tut, mais il n'en pensa pas moins sans doute, puisqu'il ne fit aucune protestation.

Au dessert, la coupe de champagne en main, le roi porta aux membres des deux Congrès, un toast bien senti, où, revendiquant pour les Sciences et pour les Lettres l'indépendance et l'honneur qui leur sont dus, il crut devoir rappeler à leurs représentants leur responsabilité et leur mission moralisatrice. Un des convives, un Français, lui répondit en fort bons termes, et se fit l'interprète de notre gratitude à tous.

Nous rentrâmes assez tard par une nuit splendide.

Lundi, 27 novembre (anniversaire de la reddition de Strasbourg), discussion des questions suivantes, les cinquième et sixième :

1° *D'après quels faits peut-on reconnaître la transition de l'âge de la pierre polie à celui du cuivre et des autres mélanges en Portugal ?*

2° *Quels sont les faits constatés sur la civilisation des peuples qui habitèrent le Portugal à la domination romaine?*

Séance libre de trois à cinq heures, après quoi nous allons nous préparer pour nous rendre au banquet à nous offert par la bonne ville de Lisbonne, à l'Arsenal de la Marine. Ce vaste et harmonieux édifice, qui atteste encore le génie patriotique et entreprenant de Pombal, est situé au bord du Tage. Les corridors et les escaliers en étaient ornés de ces belles plantes décoratives que nous avions eu tant de fois l'occasion de remarquer dans nos promenades. Nous montons au premier, où nous sommes reçus dans la salle de la bibliothèque, par les représentants de la cité, et introduits dans un *hall* immense, qui excite au plus haut point notre surprise et notre admiration. Représentez-vous un parallélogramme d'environ 90 mètres de long sur 30 de large, avec une rangée de très hautes fenêtres sur le Tage, surmontée d'une forte et sévère charpente à nu, du meilleur effet, si élevée que, à l'entrée de la salle, se dresse fièrement une frégate toute gréée qui sert aux exercices des jeunes marins. A l'entour règnent des vitrines renfermant toutes les pièces d'un musée naval, séparées entre elles par des statues représentant les plus illustres héros de la marine portugaise. L'amiral en chef témoin de notre enthousiasme à M. Read et à moi, nous adresse la parole avec une familiarité charmante. Nous échangeons nos cartes : « Nous sommes, nous, Portugais, dit-il, enchantés quand des Parisiens, habitués aux splendeurs de la plus belle des capitales, distinguent nos monuments et en particulier celui-ci. C'est l'œuvre du grand ministre Carvalho, marquis de Pombal : il l'a marquée au coin de son génie. Il a fait simple, grand et fort tout le temps qu'il a été au pouvoir. » Nous nous inclinons, car il venait de dire vrai et de Paris et de Lisbonne moderne, création de l'homme d'État célèbre qui tint si longtemps en ses mains les rênes du gouvernement de son pays dont il releva tour à tour le crédit, le commerce, l'industrie et l'administration. Il fit à la fois, modèle à suivre, de bonne politique et de bonnes finances.

La table comptait environ trois cents couverts. Une trentaine de places restèrent vides, nous n'avons jamais su pourquoi. Le service ne fut guère moins brillant que celui de la veille. Les vins d'honneur coulèrent à plein bord, entre autres le Madère (Brandy) 1834 et le Porto 1815. D'aucuns disaient : « Il vaut la peine de faire le voyage de Lisbonne pour goûter de pareils crus. » Je me contentai de les apprécier. Il ne me semble pas que ce soit la marque d'un esprit ni plus grand, ni plus fort que de méconnaître ou de dédaigner les choses bonnes que dame Nature nous offre. *Bonum vinum lætificat cor humanum*, a dit le Psalmiste. Et Luther :

Wer nicht liebt Weib, Wein und Gesang,
Der bleibt ein Narr sein Leben lang.

Et Pascal : « Qui fait l'ange fait la bête. »

Et c'est bien le cas d'ajouter : « Honni qui mal y pense ! »

Il y eut au dessert, un vrai feu croisé de toasts. Puis, au café, accompagné de havanes *primo cartello*, chacun fraternise à son gré avec les représentants de toutes nations qui se pressaient dans l'enceinte. Le Congrès littéraire avait, ce jour-là même, terminé ses utiles et intéressants travaux. Deux de ses *leaders* manifestant devant moi l'impression que ces séances avaient souffert de la simultanéité du Congrès scientifique, je me permis de leur faire observer, en ma qualité de membre impartial de l'un et de l'antre, que l'objet principal de leurs efforts, un peu restreint d'ailleurs, la revendication internationale des droits d'auteur, n'en avait pas moins été atteint et que tous, savants et hommes de lettres, en profiteraient. Somme toute, nous nous retirâmes très satisfaits, à une heure passablement avancée de la nuit.

Cependant, le lendemain, mardi, 28 septembre, devait être une journée de plaisirs accumulés jusqu'à la fatigue. Le programme portait : « Rendez-vous, à six heures et demie, à l'Arsenal, embarquement à bord de la frégate royale *l'Africa* : excursions à Cascaës, à Cintra, à Penha. Retour : banquet à Cintra, soirée royale, bal à Cascaës. C'était beaucoup, comme on va voir; mais quelle fête ou plutôt quelle série ininterrompue de fêtes! Nous fûmes, tous ceux du moins qui n'avaient pas hâte de partir définitivement et qui se sentaient les forces nécessaires, exacts à l'appel. Quelques dames étaient du nombre, et nul ne s'en plaignit. A sept heures, par une matinée magnifique, au son des fanfares (nous avions une musique militaire à bord), l'*Africa* pavoisé, la proue tournée vers l'embouchure du Tage, levait l'ancre, et nous partions, suivant la rade, passant devant Bélem, au pied de la tour, puis contre les deux-fortins affermis dans le lit du fleuve, dont ils commandent l'entrée, et où nous n'aperçûmes, hélas! pas le moindre « hippopotame »; admirant constamment les rives empourprées du soleil levant. Il était dix heures, — et grâce aux charmes de la promenade, aux causeries et aux prévenances de MM. les officiers du bord, le temps nous avait paru s'envoler, — que nous étions en vue de Cascaës, à l'embouchure du Tage. Là baignait l'escadre française, commandée par l'amiral Thomassin, composée du *Colbert*, de deux frégates et d'un aviso pavoisés, qui répondirent avec un éclat retentissant à nos salves d'artillerie. C'était un spectacle majestueux. Le *Colbert*, aux flancs épais, aux lignes bien prises et bien suivies, fortement ancré, semblait être une citadelle reposant invincible dans les eaux profondes du fleuve. Pour jouir de cette rencontre unique, la foule des promeneurs et des baigneurs de Cascaës s'était portée au devant de nous, sur la jetée, où nous abordons, les uns après les autres, dans de jolis canots. Par un soleil brûlant, nous nous répandons dans le village coquet, pour nous retrouver un moment après, à l'entrée de deux grottes naturelles où récemment encore on avait opéré des fouilles intéressantes pour les sciences préhistoriques. Quelques zélés y pénètrent en se baissant bien fort, et en sortent bientôt avec de petits fragments d'ossements qui ne laissent pas de nous ébaubir. C'était bien d'os qu'il s'agissait en ce moment, voire même d'os à ronger! Excités par le grand air d'une longue matinée, nos estomacs criaient famine, et, je l'avoue sans honte, j'étais de ceux qui se demandaient *in petto* : Où et quand déjeunerons-nous ? Rassurez-vous, lecteur; l'hospitalité lisbonnaise n'oublie rien ; et cette fois elle tenait à nous surprendre agréablement : « Messieurs, nous crie d'une voix sonore le maître des cérémonies du jour, M. de Vasconcellos Abren, accompagné de Madame ; Messieurs, embarquement général et déjeuner à bord ! » Jugez si on se le fait dire deux fois! A onze heures et demie, nous étions tous rangés, au nombre de cent cinquante environ, autour des tables dressées dans les salons du pont et de l'entrepont. Nous nous régalons d'une classique et succulente polenta au riz, et, par-dessus tout, de tes inestimables parfums, de ton infusion mordorée, ô café, si bien chanté par Brillat-Savarin et par Berchoux, et qui, malgré ton poison, ne refusas longue vie ni à Fontenelle ni à Voltaire.

On retourne à terre. Là des voitures commodes, en nombre plus que suffisant, nous attendent, pour nous porter tous à Cintra, où nous ne faisons que passer, puisque nous devons nous y arrêter au retour; et de là, montant toujours par une rampe douce, au merveilleux palais fortifié, *o palacio a castellado*, de Penha, propriété et résidence d'été du roi don Fernand. Nous suivons, en plein soleil, des chemins poudreux, accidentés, bordés de temps en temps de pins francs, de goyaviers, de figuiers de Barbarie, et de longues files d'aloès gigantesques lançant dans les airs leurs fleurs altières portées par des tiges grosses comme des troncs d'arbres. On se croirait en Afrique. Nous arrivons enfin, après avoir traversé à pied le beau jardin d'un grand de Portugal, à la lisière du parc de Penha, où les camélias, les myrtes, les géraniums et une espèce de cyprès fort curieux qu'on appelle cèdres du Portugal, forment des allées si épaisses, que le soleil y pénètre à peine. Des hortensias bleu foncé y forment des haies massives. Des eaux limpides y circulent ou s'étalent en bassins délicieux. Deux montagnes, couronnées par les ruines d'un grand château more, sont enclavées dans ce parc admirable que domine le Palais royal littéralement juché au sommet d'un pic abrupt et hérissé de rochers énormes dont quelques-uns entrent dans les substructions. Nous débouchons du parc sur une pelouse charmante, bien gazonnée, au pied du mont sourcilleux qui tout à coup se découvre à nos yeux avec son dédale de constructions fantastiques. Grande est notre surprise, et plus grande encore, quand nous voyons arriver à nous un troupeau innombrable d'ânes bien bâtés et escortés, si nombreux que notre ami Read, en bon Lutécien qu'il est, bien que d'origine écossaise, ne manqua pas de s'écrier : « Tiens, mais il y a plus d'ânes que de savants ! » Ils étaient tous pour nous : c'est à dos d'ânes que la foule des touristes qui s'engagent dans ce labyrinthe de montagnes et de vallées, parcourt le pays. Ils étaient là, attention délicate de notre hôte, pour nous épargner la fatigue d'une ascension pénible. Nous voici donc, Sanchos Panças improvisés, arrivant à la terrasse élevée du château, au moment qu'une blanche nuée de brouillards folâtres vient se briser contre les murs, et nous laisse à découvert, comme par un lever de rideau, un horizon qu'on ne peut oublier : les montagnes boisées qui, sous l'effort du vent, secouent leur épaisse crinière et « semblent bondir comme un troupeau; » la verte et fertile campagne s'étalant au loin vers l'embouchure du Tage, et, par delà les espaces, la mer immense.

Il serait difficile de faire une description exacte de ce château des *Mille et une Nuits*. Vrai dédale de voûtes aux formes les plus variées, cintrées ou ogivales, de ponts-levis, de donjons, de chapelles, de cloîtres, d'appartements haut étagés, de tourelles, de balcons; entassement inouï de sculptures, de marbres, de faïences vernies, anciennes ou modernes : l'œil s'y perd. On se demande parfois si c'est un rêve. Notre visite faite partout librement sur les pas d'un cicerone obligeant, le roi père nous attendait dans son grand salon, pour nous présenter à « Madame la comtesse Dash, sa femme, et à ses deux filles. » Tous, à en juger par les livres épars sur les tables et en particulier par les nombreux numéros de Revues françaises, aiment notre littérature et s'y intéressent. Puis, nos dames d'abord, nous ensuite, nous sommes introduits dans une fort belle salle à manger voûtée où se dressait, pour notre usage, un *luncheon* des plus appétissants et des mieux arrosés. De là les messieurs passent à une terrasse couverte et bordée d'un balcon moresque en pierre, où, à l'exemple et sur l'invitation du roi, nous allumons d'excellents havanes. Don Fernand trouve un mot aimable pour chacun. A un moment donné, il m'invite à m'asseoir, seul auprès de lui, à l'encoignure du balcon d'où l'on embrasse le magnifique panorama dont j'ai parlé. Jouissant visiblement de mon enthousiasme : « Eh bien ! qu'en dites-vous, Monsieur ? Ce château, ce parc, ces forêts sont ma propriété personnelle ; j'en ai disposé pour ma vie de famille, et nous y vivons heureux. Et ne fait-il pas bon vivre ici ? Ne dirait-on pas d'un dessin de Doré ? — Sire, on se contenterait à moins. Votre comparaison est on ne peut plus juste, et elle convient à un prince artiste qui ne dédaignepas de faire, à ses moments perdus, de charmantes aquarelles et de belles eaux-fortes. » Ajoutons ici que don Fernand, qui est très populaire, a fait mieux encore en remplissant dignement son rôle de prince-consort de doña Maria II, morte en 1853, et qu'aujourd'hui encore il est d'un fort bon conseil pour son fils. A vrai dire, et sans faire le moindre tort à notre chère et sérénissime République, à qui j'offre du fond du cœur mes meilleurs vœux, j'étais charmé de rencontrer un roi heureux. Il y en a si peu, malgré le dicton populaire ! Il est vrai que celui-ci ne règne ni ne gouverne.. ..

Nous quittons, vers cinq heures, après une heure bien remplie, ces lieux enchantés d'où l'on s'attend à chaque instant à voir surgir quelque fée à baguette magique, et arrivons, à une heure, à Cintra où l'on nous réserve de nouvelles surprises. Nous sommes reçus au principal hôtel de cette délicieuse résidence royale, séjour d'été de la belle société lisbonnaise et colonie permanente d'étrangers. On met à notre disposition le grand salon et plusieurs grandes chambres y attenantes, dont une réservée aux quelques dames qui nous accompagnaient. Il s'agissait en effet, pour faire honneur au banquet et pour se rendre ensuite à l'auguste invitation de Cascaës, de nous rafraîchir et de réparer le désordre de notre toilette. Or nous avions chacun de nous emporté un petit sac de voyage. Ce fut une scène assez piquante que celle qui se passa alors. Elle me rappela assez bien les dortoirs de collège où l'on fait queue pour se laver, avec cette différence qu'ici les élèves étaient *tous*, ne l'oubliez pas, s'il vous plaît, des savants, des savants en partie de plaisir, des savants de tous les pays. Mais laissons les détails et soyons modeste. La science a du bon, surtout quand, s'oubliant elle-même, elle ne dérange pas la gaieté. Or la gaîté était à son comble. On aurait dit des collégiens partant en vacances. Tout avait un air de fête. Les curieux eux-mêmes, — et ils étaient en nombre, — semblaient prendre une vive part à notre réjouissance. Les dames de Cintra avaient bien voulu décorer de fleurs et de feuillages la grande salle du banquet et ses abords :

Ce n'étaient que festons, ce n'étaient qu'astragales.

Les lustres eux-mêmes étaient de fleurs. On se met à table à sept heures, dans un local tout ouvert du côté du château royal, édifice un peu surchargé où le style arabe domine, qu'inondent en ce moment les feux du soleil couchant. Un peu après des courtines sont baissées et ferment l'enceinte brillamment éclairée au gaz. Je me trouve assis à côté de M. Alglave, le savant professeur dont tout le monde a lu, dans *le Temps*, le compte rendu du Congrès, et en face d'un banquier de Lisbonne, M. de Chamisso, auquel j'étais recommandé par la maison Eynard et Ruffer. Les conversations ne tarissent pas. L'éloge le plus complet est décerné de toutes parts à l'hôtel Bragance qui avait fourni le menu.

On se dispute l'honneur de porter des toasts, et notamment celui qui était dans tous les cœurs pour les gracieuses personnes qui, non contentes de nous couvrir de fleurs, embellissent encore la fête de leur présence dans la vaste pièce contiguë et ouverte, où elles veulent bien nous offrir le café.

A neuf heures et demie, nous remontons dans nos voitures, et arrivons légèrement fatigués, à onze heures, au bord du Tage resplendissant des feux électriques croisés des escadres française et portugaise. On venait de tirer en l'honneur du prince, héritier présomptif de la couronne, héros de la fête (il comptait ses dix-sept ans), un feu d'artifice dont on nous dit merveille. Nous faisons notre entrée à la villa royale, qui déjà regorgeait d'invités : la cour, les représentants des puissances, les hauts personnages y étaient au complet. Dans le premier salon, M. Capellini, délégué de l'Université de Bologne, avait été chargé de recueillir nos signatures dans un superbe album. Je pénètre dans la grande salle où les danses venaient de commencer ; et, dans un intervalle de repos, j'avise le prince héritier parlant avec le ministre de France, M. de Laboulaye. Ce dernier, que je désirais saluer, se retire d'un autre côté, sans m'avoir aperçu, me laissant tout près de son interlocuteur qui me regarde. Je ne pouvais guère me dérober sans incivilité. Je m'incline, il me tend la main. Je m'enhardis à lui présenter mes vœux d'anniversaire; il me répond très gracieusement en fort bon français et presque sans accent. La conversation s'engage, et pendant les cinq ou six minutes qu'elle dure, nous causons alternativement — comment ça se fit-il ? — en français, en anglais, en allemand, voire même en italien. Le prince est, comme on sait, petit-fils, par son père, d'un Saxe-Cobourg, et, par sa mère, de Victor-Emmanuel, qu'il rappelle beaucoup en bien. Il a une fort jolie tête ronde et rose et des cheveux d'un blond clair abondants et bouclés. En me retirant un peu confus de mon audace : « Décidément, lui-dis-je en riant, Votre Altesse est polyglotte. — Et vous, Monsieur, il me semble que vous l'êtes aussi un peu. — Peut-être, mais je serais fort embarrassé de répondre à Votre Altesse en portugais ou en espagnol. »

Nous n'avions plus guère qu'à observer toilettes et attitudes, qu'à examiner quelques tableaux et objets d'art assez méritoires, avec la perspective lointaine d'un souper. Sans attendre celui-ci, rencontrant le capitaine de notre frégate qui s'en allait : « Commandant, — lui dis-je — je suis las ; je n'ai plus la force de tenter d'être aimable ; ma place n'est donc plus ici : ne pourrais-je jouir de quelque repos à votre bord hospitalier ? — Assurément et vous tombez bien, car je m'y rends, fatigué comme vous, et d'autres me suivent. » Un quart d'heure après, j'étais étendu sur ma bonne couchette. A quatre heures tout le monde était rentré, et la frégate, appareillée, chauffait à toute vapeur pour nous ramener à Lisbonne où nous abordons à six heures et demie.

Triste retour des choses humaines ! Réunis sur le pont, nous apercevons devant nous, sur la hauteur qui domine l'arsenal, s'élevant dans les airs, des tourbillons de fumée entremêlés de flammèches incandescentes. « Un violent incendie, » s'écrie-t-on autour de moi. — « Oui, répondis-je ; et, qui plus est, à l'hôtel *Gibraltar*, si tout ne me trompe. — « Rassurez-vous, me répond un aimable vieillard lisbonnais, c'est plus bas. » Il avait raison et je n'avais pas tort (c'est, du reste, l'histoire de beaucoup de controverses). Le feu avait pris vers quatre heures du matin, au pied de la colline, sous l'hôtel même, chez un charpentier, et quand nous arrivâmes au sommet, les flammes étaient en train de dévorer les soubassements de l'asile même que nous habitions. Mon inséparable était exténué, car il avait, plus vaillant et plus aimable que moi, été des derniers à retourner à bord. Il ne demandait qu'à se reposer. Déjà nous parlions philosophiquement de rentrer à Paris comme Bias, *omnia secum portans*. Nous nous étions, sachant que toutes les mesures avaient été prises pour défendre l'accès de l'hôtel, réfugiés au *Gremario litterario*, vaste Casino situé à deux pas de *Gibraltar*. Il était sept heures, quand tout à coup une inspiration meilleure me vient : Pourquoi ne pas tenter, s'il y a encore moyen, de pénétrer dans l'hôtel pour sauver nos bagages ? J'appelle mon compagnon d'infortune, je le cherche en vain pour lui faire part de mon plan. Cependant, les moments étaient comptés. Je m'élance, ayant encore mon habit de soirée ; j'obtiens, faisant valoir mes titres, que la garde sévère me laisse passer. Je monte quatre à quatre le bel escalier, arrive, par des corridors sombres, sur le seuil de nos chambres, — fermées — et nul ne savait où étaient les clefs ! Au même instant trois employés de la police paraissent pour procéder d'office au sauvetage des effets des voyageurs absents. Ah ! en voilà qui ne comprennent pas à demi-mot, et mon parler portugais était pauvre plus que de moitié ! Enfin, je réussis à leur faire entendre que je me charge de tout ce qui me concerne personnellement et, prenant leurs numéros d'ordre, qu'ils garderont leur responsabilité entière pour tout ce qui concerne mon cher voisin. Mais il fallait entrer, et le feu n'était pas loin, à droite et au-dessous. On essaye d'enfoncer les portes; elles résistent opiniâtrément. Heureusement, une troisième chambre, communiquant comme les nôtres avec le balcon, était ouverte. Deux carreaux brisés, on tourne l'espagnolette de nos deux portes vitrées au dehors, et nous voilà à l'œuvre. Jugez quelle fièvre ! Cependant il fallait du calme. Deux fois dans le long quart d'heure que je mis à entasser mes propres affaires et à présider à l'empaquetage plus difficile et moins sûr de celles de mon ami qui avait toutes ses clefs en poche (on se servit d'un grand rideau de serge comme d'un sac), je cours à l'escalier pour m'assurer qu'il est libre et en prévenir nos aides. Enfin je prends mon propre fardeau, le pose à ma porte, et, tandis que je donne un dernier coup d'œil à la chambre de mon voisin, on me l'enlève, et je retrouve en bas ma malle défoncée, trop heureux d'en être quitte à si bon compte. Les flammes venaient de jaillir au fond de l'escalier; on réussit à les refouler. Dix minutes après, le feu gagnait nos chambres; une famille anglaise, notre voisine, ne retrouva que des cendres; hélas! et deux pompiers, pères de famille, furent grièvement blessés à l'endroit même que nous venions de quitter. Le soir, à cinq heures, quand on fut maître du feu sur tous les points, on comptait trois victimes de plus. Nous nous réfugions tout près de là, à l'hôtel de l'*Alliance*, où étaient M. et Mme Oppert. Mon premier mouvement, en prenant possession de ma nouvelle chambre, fut de me jeter à genoux pour rendre grâce à Dieu. J'étais en nage. J'avais besoin de repos. Lecteur, vous le comprendrez sans peine. Ajoutez qu'il faisait une chaleur torride, tout à fait inaccoutumée pour la saison, nous disaient les Lisbonnais eux-mêmes. Ce n'est qu'après un bon sommeil que je pus me livrer à mes réflexions et me « remettre, comme aurait dit Topffer, en état d'observation. » Singulière rencontre! me dis-je : avant-hier, revenant de l'exercice avec un matériel superbe, les pompiers ont défilé devant le *Gibraltar* et tout le long du *Chiado*. Et l'eau, — l'eau au bord du Tage (il est vrai qu'il faut la faire monter), — leur a manqué dès l'abord. Et puis quel flegme, quelle insouciance, dirai-je, de la part de la population, des voisins même les plus rapprochés du foyer de l'incendie !

Notre assiduité à la dernière séance du Congrès des sciences archéologiques eut à souffrir de ce *coup de feu*. J'arrive à quatre heures, au moment que le président prononce la clôture. Tandis que nombre de savants vont poser en groupe devant le photographe, je trouve quelque rafraîchissement à causer agréablement avec la jeune et charmante femme de l'un d'eux dont j'avais fait la connaissance la veille.

C'était le mercredi, 29 septembre. Le soir, nous nous retrouvons, au nombre de deux cents environ, au banquet qui nous était offert, encore à l'arsenal, par l'Académie de Lisbonne. Parmi les toasts nombreux, nous remarquons d'abord celui de M. L. Ulbach, président du Congrès littéraire, qui se termine par quelques mots bien sentis pour les princes de la maison de Bragance : « Tout fiers qu'ils soient d'être républicains, les Français les remercient et leur rendent l'hommage qui leur est dû en pareille fête ; » puis celui du jeune député, secrétaire de l'Académie des sciences, M. Pinheiro Chajas qui, s'adressant surtout aux membres étrangers des deux Congrès, parle avec une inspiration, une chaleur, une richesse et une propriété de langage, avec une éloquence en un mot, qui nous électrise. Orateur puissant même dans notre langue, que doit-il être quand il manie la sienne.

Rien ne manqua à cette belle fête de famille, oui, d'une grande et même famille qui a pour mère la Vérité ; non, pas même ce qui permettait à Titus de s'endormir content : car, avant de nous séparer, deux ou trois hommes de lettres de Paris, prenant l'initiative d'une quête en faveur des cinq pompiers victimes de l'incendie, recueillirent en peu d'instants la somme d'environ huit cents francs.

Les Congrès terminés, leurs membres disséminés, plusieurs partis pour aller étudier les stations préhistoriques des deux Citania de Briteiros et de Sabroso, dans la province de Minho, j'avoue (et la chaleur persistante, notre dernier coup de feu y étaient pour beaucoup) que Lisbonne me pesait étrangement. J'y restai deux jours encore, pour aider mon ami Read à d'ennuyeuses perquisitions au sujet de plusieurs de ses effets égarés, et pour quelques visites. Nous eûmes l'occasion de nous entretenir longuement avec un écrivain-dessinateur humoriste du genre de Cham, M. Pinheiro, qui régulièrement, tous les mercredis, fait paraître un journal illustré l'*Antonio-Maria* (c'est le nom du Prudhomme portugais). Il venait de consacrer ses deux derniers numéros à la revue des Congrès. Il y a saisi fort heureusement les types des savants les plus en vue. Chacun peut les reconnaître, et les caricatures prêtent à rire non moins que les légendes qui les accompagnent. Dans le numéro suivant du 7 octobre, profitant de la circonstance qui nous rendait tant soit peu intéressants à Lisbonne, il nous représente, M. Ch. Read et moi, nous adressant, sous les ruines de notre hôtel, de mutuels compliments pour l'avoir échappé si belle; et nous signale par ces mots : « Deux congressistes venus à moitié prix et retournant chez eux avec la moitié de leur bagage. »

Le 2 octobre, à huit heures du matin,

Fleuve du Tage, je fuis tes bords heureux.

Me voilà en route pour Badajoz. Ah ! comme je jouissais de ce magnifique panorama mouvant, surtout sur les bords fuyants à notre droite, d'un fleuve qui va s'élargissant en amont de Lisbonne, comme un vrai lac (*la mer de Paille*) et présente un semis d'îlots enchanteurs; reposant ma vue sur des campagnes fertiles, sur des forêts d'oliviers ou de chênes-lièges d'un grand rapport! Ces derniers se rencontrent de distance en distance jusqu'au cœur de l'Espagne, avec leurs troncs pelés pour la plupart et passant, selon l'ancienneté de l'exploitation, du rouge-feu au noir d'ébène. C'est fantastique, la nuit surtout, au clair de lune; on dirait des fantômes éplorés. La belle nature nous récrée singulièrement des fatigues de l'esprit et des peines du cœur. Elle fait une utile et agréable diversion à la longue contemplation des ouvrages de l'homme. Son silence lui-même nous parle et nous repose. Elle a son divin langage; elle nous élève à son Auteur, fût-il même pour plusieurs « le Dieu inconnu. » Elle nous berce maternellement et endort nos ennuis. Les médecins intelligents le savent bien; et, de toutes leurs recettes en certains cas, le voyage en belle contrée est encore la meilleure.

Mais comme je jouissais aussi, au même temps de mes récents souvenirs, de mes impressions si vives, de mes rencontres si intéressantes, de tous les plaisirs qui nous avaient été si libéraleent offerts ! Je goûtais à un haut degré le divin charme de la gratitude. J'avais passé inaperçu aux séances du Congrès; je n'y avais point pris la parole. Mais plusieurs fois, surtout dans nos réunions intimes, j'avais senti l'étincelle électrique courir dans mes veines. Il me semblait entendre encore (et j'en avais eu les larmes aux yeux) le sympathique interprète de tant de chefs-d'œuvre, devenu aveugle, nous réciter la cordiale et poétique *Bienvenue* de l'aimable représentant du Portugal à Paris. Tout à coup l'idée me vint que je devais une réponse à nos hôtes, et que, à célébrer à ma façon l'hospitalité portugaise, désormais rivale à mes yeux de la fameuse hospitalité écossaise, je ne ferais qu'acquitter faiblement une dette de reconnaissance. Je tire mon crayon, et griffonne de station en station (elles ne manquaient pas), le sonnet suivant, qui trouvera quelque jour sa place dans une troisième édition d'*Echos* (1) :

(1) ÉCHOS, POÉSIES. 2e édition. Paris, 1879, 1 vol. elzévir.

A LA VILLE DE LISBONNE

Les lettres, la science ont leur divin flambeau.
Il rayonne partout où brille la pensée,
Et Lisbonne l'a vu resplendir, pur et beau,
Au foyer où vibra sa flamme condensée.

Salut, ville superbe, au passé glorieux!
Tu comptas maint héros, maint écrivain illustre :
Ton hospitalité, digne de ces aïeux,
De ta vieille vertu semble être un nouveau lustre.

Salut, princes aimés, fiers d'unir vos labeurs
A ceux de tant d'obscurs et dévoués semeurs!
Tous vous aurez pour prix la gerbe nourrissante.

Sous un même soleil nous traçons nos sillons;
Il échauffe les cœurs, grandit les nations :
Soleil de Vérité, ta force est triomphante.

CHAPITRE TROISIEME

BADAJOZ, MADRID, SON MUSÉE, SA VIE, ETC. L'ESCORIAL

Donc, j'étais parti de Lisbonne avec l'idée bien arrêtée de me reposer le soir à Badajoz, et d'y passer une bonne nuit, *adjuvante Deo*. Après avoir, au tiers du chemin environ (85 kilomètres), passé par *Santarem* (9,000 habitants), où l'on découvre de curieux vestiges de l'architecture moresque ; 50 kilomètres plus loin, par *Abrantès* (5,000 habitants), considéré comme un des boulevards du royaume, centre d'un grand commerce de céréales et de fruits ; 80 kilomètres après, par *Portalègre* (6,500 habitants), avec ses fabriques de draps et de belles marbrières ; enfin,

50 kilomètres au delà, par *Elvas* (12,000 habitants), la plus forte ville du royaume, le grand arsenal du Portugal, située non loin du Guadiana : après avoir vu toutes ces cités fuir sous nos yeux dans un rayonnement de lumière et de briques rougeâtres, après avoir passé la frontière, nous arrivons à Badajoz. Il était près de minuit. Nous n'avions qu'une heure et demie de retard : seize heures pour franchir 281 kilomètres ! La gare était à peu près déserte. Plus de véhicule aucun, et la ville est à vingt minutes de là. Me voilà seul, cette fois, obligé de me débrouiller avec mon peu d'espagnol. J'avais beau m'évertuer à répéter : *Fonda de las Tres Naciones !* pas de quartier. Qui donc aurait voulu, à une heure aussi indue, par un chemin ténébreux et solitaire, s'aventurer à aller troubler la quiétude profonde d'un aubergiste *in partibus !* Car quel est le noble étranger qui s'arrête à Badajoz ? Et remarquez, je vous prie, qu'ici la prononciation n'est plus la même qu'à Madrid. Ainsi *Badajoz* qui se dit très gutturalement dans la capitale de toutes les Espagnes, se dit ici par un *j* presque aussi anodin que notre *i*. A peine comprenait-on que je voulais aller à la ville. Enfin un employé de la gare, comprenant mon embarras mieux que

mon langage, se doutant, en homme intelligent, qu'il me fallait du moins un lit, me fit entendre qu'il demeurait lui-même, à deux pas de là, chez un limonadier qui aurait une fort bonne chambre à ma disposition. O dieu de l'hospitalité, je t'eusse offert un sacrifice! Nous arrivons à une modeste échoppe à peu près isolée. L'hôte se met en quatre pour bien me recevoir. Il m'introduit au rez-de-chaussée, dans une pièce carrelée, à deux lits, s'en va chercher une paire de draps blancs comme neige, et brodés, s'il vous plaît; fait ma couche, met toute sa maison à ma disposition. Je ne lui demande que la permission de dormir au plus tôt et de prendre, le lendemain à huit heures, une tasse de chocolat sans cannelle, puis d'écrire à Lisbonne. J'étais couché, la bougie éteinte, et le lit était bon, chose rare même en Espagne; j'allais me livrer aux douceurs du sommeil... Mais j'entends un grognement sourd sortir de la pièce voisine, puis des chuchotements. Je vois la lumière suinter par une porte dérisoire, fermée par un crochet joujou. Et moi qui ne sais pas ce que c'est que d'avoir une arme en voyage! Et cette fois, livré, la nuit, à la merci d'un inconnu, espagnol, contrebandier, pis peut-être? Vous riez, lecteur, et vous auriez fait les mêmes réflexions.

Lisez, je vous prie, *La Peur* dans Topffer, et l'histoire du fameux jambon si bien contée par Paul-Louis Courier de Méré. Enfin le grognement (c'était un chien), les chuchotements discrets et inquiétants (c'étaient les deux amis qui ne conjuraient pas ma mort) cessent, et la lumière s'éteint. Bonsoir, j'oublie mes appréhensions et ne fais qu'un somme. A huit heures du matin, mon homme arrive, comme je me levais, me dit que l'on ferait pour moi tout ce que je pourrais désirer. Il m'introduit, un moment après, dans le salon contigu à ma chambre où je trouve tout pour écrire; puis, dans une salle à manger fort proprette. Une simple et gracieuse enfant m'apporte un chocolat odorant, crémeux, exquis, avec l'accompagnement obligé du grand verre d'eau et de l'*azucarilla,* plus un monticule de biscuits fondants, comme on n'en fait sans doute qu'à Badajoz, — 20,000 habitants, capitale de la province, chef-lieu de la Capitainerie générale de l'Estramadure et de plus ville très forte : j'allais oublier de le dire. C'est égal, la tasse était beaucoup trop petite : *No esta bastante; demasiado pequena la taza,* dis-je à mon hôte obligeant. Et quelle chance ! il a compris ; car à l'instant il s'en va me préparer une seconde tasse meilleure, si possible, que la précédente. Puis il prend ma lettre, la timbre sous mes yeux, se charge de l'expédier; et quand je lui demande ce que je lui dois : « Oh ! rien, ou plutôt ce que vous voudrez ; j'ai eu beaucoup de plaisir à vous recevoir. — Mais non, vous m'embarrassez. Faites-moi l'amitié de me faire vos conditions, je voudrais vous voir aussi content de moi que je l'ai été de votre accueil. — « Eh bien ! c'est 12 réaux. » 3 francs, que l'on se le dise, et qu'on aille en chœur à Badajoz chez mon limonadier !

Et l'on dira de toi, brave Espagnol, mélange intéressant de finesse et de bonhomie, de familiarité et de noblesse, que tu as perdu tes antiques vertus ! Non, j'en appelle au limonadier de Badajoz, — et à d'autres encore. Il y a de l'étoffe dans le caractère espagnol, malgré toutes les déchéances, politique, administrative et sociale. Et certes, il lui en a fallu pour surmonter tant d'épreuves et faire bonne figure en de graves circonstances. Il lui en faut encore pour continuer, pour mener à bonne fin l'œuvre de relèvement commencée, et pour ouvrir toutes larges les voies à la prospérité publique. Celle-ci doit être désormais tout autre qu'elle n'a été autrefois. L'Espagne a été grande et elle s'en souvient; mais grande d'une grandeur quelque peu artificielle, pompeuse, passagère comme ses vastes conquêtes. Elle doit, grâce au généreux concours de tous ses enfants (et nous n'en exceptons pas le gouvernement), devenir grande d'une grandeur morale, réelle et durable. Je crois que nous, Français, qui n'avons pas laissé toujours de trop bons souvenirs chez les Espagnols, nous pour qui ces derniers usent encore quelquefois d'une épithète peu aimable, celle de *gavacho*, nous ne devons pas dédaigner une entente cordiale avec un peuple si voisin, et jadis si étroitement lié à nous; nous devons au contraire accueillir favorablement les avances, individuelles ou collectives, qu'il peut nous faire dans ce sens. *L'alliance des peuples de race latine*, qui depuis deux ans a sa représentation à Paris, n'est pas un vain mot. La vieille Rome nous a, malgré ses abus de force, légué des éléments précieux d'une civilisation fort avancée et un ardent amour de la liberté, de la patrie, qui se sont répandus de proche en proche. Et Paris, en particulier, ce vaste alambic où se fusionnent tant de matériaux divers, ce creuset d'où jaillit, harmonieusement mélangé, l'airain sonore et sacré qui, selon le chantre immortel de *la Cloche*, appelle l'humanité au progrès, à l'affranchissement, à la concorde, a encore, malgré ses malheurs, malgré les malheurs du grand pays dont il est l'âme, un rôle éminent dans le concert universel des peuples.

Et tout cela, à propos d'un limonadier hospitalier! Et oui, car il m'a hébergé de son mieux, en ma qualité de Français; oui, car les bons rapports des individus préparent ceux des peuples. L'alliance des cœurs honnêtes vaut mieux que celle de la diplomatie pour favoriser le vaste courant de démocratie pacifique qui pousse l'humanité au port. Celle-ci demande la paix, la liberté, le travail, l'échange facile et régulier entre les nations, ses filles, des idées, des conquêtes de la science, des produits du sol et de l'industrie. Substituons l'arbitrage raisonnable et juste aux violences armées. Traitez-moi, lecteur, de rêveur, d'utopiste; j'en prends mon parti. Nous y sommes tous, d'ailleurs, membres du comité d'administration de la Société française des *Amis de la paix*, accoutumés dès longtemps.

Reprenons notre route, si vous le voulez bien. Jetons un regard vers la ville dénudée et pourtant pittoresque, flanquée de ses vieux châteaux-forts, avec sa cathédrale massive, comme une citadelle, construite à l'épreuve de la bombe... mais l'obus, l'implacable obus est apparu depuis, et rien ne lui resiste, comme nous l'avons vu à Strasbourg. Saluons de loin ces deux illustres enfants de la cité déchue, Vasco Nuñez de Balboa, navigateur intrépide, et toi surtout, Moralès, peintre ascète, surnommé *le divin*, qui, en 1586, à l'âge de soixante-quinze ans, mourus pauvre et oublié dans ta ville natale, insoucieuse aujourd'hui de ton grand nom, et de tes œuvres immortelles! Puis, pénétrons dans la gare encombrée de gendarmes, de soldats et de paysans aux costumes bigarrés. Le train arrive en retard, comme de coutume. Je m'installe, et me voilà roulant vers Madrid. On sortait autrefois de la ville en voiture, par le beau pont du Guadiana, construit en 1596, formé de 28 arches, dont la principale a 22 mètres d'ouverture. Il est long de 525 mètres et large de 5 mètres 1/2. Aujourd'hui on laisse Badajoz à gauche; on traverse de belles campagnes riches en oliviers, en vignes, en arbres fruitiers de toutes sortes et en blés magnifiques. On va de pont en pont et de viaduc en viaduc, gravissant la *Sierra de las Viboras*, nom peu rassurant pour ceux qui n'aiment pas les vipères. On arrive à Mérida, à 60 kilomètres de Badajoz, petite ville pleine des splendeurs ruinées de l'antique Rome : Arc de triomphe, cirque, naumachie, aqueduc, temple de Diane, etc. Puis on suit le Guadiana aux rives agréables; on arrive à Médellin, ville très ancienne, très pauvre aussi avec son millier d'habitants, patrie de Fernand Cortez. On fait halte, à deux heures, à l'embranchement de Castello d'Almorchon. Une heure après, on passe à Almaden (9,000 habitants), perché sur une colline, qui doit sa prospérité à ses mines de cuivre, les plus riches et les plus célèbres de l'Europe. Passons rapidement. 100 kilomètres plus loin, on est à Ciiudad Real, ville déchue comme tant d'autres; puis, encore 60 kilomètres, à Alcazar, où se soude la ligne de l'Andalousie, que nous prendrons une autre fois; puis, 84 kilomètres, à *Castilejo*, avec changement de train pour ceux qui vont à Tolède; et nous ne manquerons pas d'y aller, plus commodément encore, en train de plaisir, de Madrid. Un peu après, on brûle au loin Aranjuez, qu'on ne voit même pas, ni ses jardins superbes et ses pièces d'eau dont tout le monde sait « les délices. » Il vaut la peine de les visiter. Enfin, à quatre heures du matin, nous sommes à

Madrid, ayant mis dix-huit heures et plus pour faire 600 kilomètres, 150 lieues, que notre Orléans ferait en moins de dix heures.

Me voilà de nouveau dans la capitale et reçu à l'hôtel de *la Paix* comme un enfant de la maison. Je m'installe dans une jolie chambre, petite, mais commode et très élevée de plafond, avec l'agréable perspective d'y rester plusieurs jours, surtout pour bien voir le Musée. La ville était en fête. C'était le 4 octobre : on célébrait la Saint-François d'Assise. Quel beau prétexte pour te reposer, ô Madrilène insouciant et sobre, de toutes tes fatigues, surtout de celles de la nuit!

Ah! qu'il est doux de ne rien faire....

quand on a un ciel aussi pur, aussi éclatant et de si belles promenades autour de soi! « L'homme, a dit le patriarche de Kœnigsberg, a le ciel étoilé sur la tête et la loi morale dans le cœur. » On pourrait ajouter du Madrilène : « et *il dolce far niente*. » Le lendemain, c'était fête encore, car c'était *la première* du Grand Théâtre Royal, et l'on n'ignore pas que l'Opéra de Madrid, comme salle et comme troupe, est un des plus beaux du monde. On annonçait, sans trop de réclame (ici on n'abuse pas des affiches), l'éminente cantatrice, Mlle de Reszke et le sympathique ténor espagnol, Goiarre, dans *Robert le Diable*. Toutefois, divers préparatifs venant à être en retard (ça se passe en famille), on dut remettre au lendemain le grand événement qui met en branle toute la société élégante de Madrid. En outre, notre éminent pianiste-compositeur, Saint-Saëns, était en train de donner toute une série de concerts fort courus. Dans un pays où tout le monde chante ou joue de la guitare, témoin les fameux *Estudiantinos* de 1878, sans parler des nombreux héritiers de Figaro, qui courent les rues, la musique joue un grand rôle, et on le voit, tous les soirs, jusque dans les moindres cafés. Ah! si j'avais pu rester plus longtemps à Madrid, c'était bien mieux encore! Du 20 au 28 octobre, il y avait, je ne sais plus à propos de quoi, une suite ininterrompue de fêtes publiques; et un membre fort aimable de l'*Ayuntamiento* (municipalité) de Madrid, dont j'avais eu le plaisir de faire, à Lisbonne, la connaissance avec celle de sa charmante femme, m'avait offert de m'introduire partout aux premières places. Mais on ne peut pas tout faire.

Je commence par me reposer de ma mauvaise nuit en chemin de fer, et vais l'après-midi, droit comme une flèche, au Musée du Prado. Toutes les écoles y sont brillamment représentées ; chaque tableau y a son état civil, son histoire authentique et bien documentée. Sans compter qu'il y a encore ailleurs, dans différents locaux, un entassement d'œuvres remarquables qui attendent leur jour.

Cette fois je vais jouir de la magnifique collection du Prado, comme on fait d'un vin vieux dont on prend peu à la fois pour le savourer avec délices. Commençons, si vous le voulez bien, par les peintres espagnols : A tout seigneur tout honneur. Aussi bien on ne connaît pas suffisamment une nation intelligente comme l'Espagne, tant qu'on en ignore les grands peintres. Or qui ne les a pas vus à Madrid ne peut s'en faire une juste idée. Parlant de ces maîtres et de leurs chefs-d'œuvre, un mien cousin m'écrivait peu de jours auparavant : « C'est aussi bon qu'un becfigue en pleine vendange. » Soit : le mot est pittoresque, et rappelle celui du duc de Vivonne mangeant à la table du grand roi : « Que pensez-vous, lui dit celui-ci, des pièces de Racine ? — Sire, elles sont à mon esprit ce que les perdreaux de Votre Majesté sont à mon estomac. » On peut reprocher à l'Administration du Musée d'avoir mêlé ces toiles superbes un peu partout, surtout dans la longue et grande galerie (1). Cela nuit à l'effet d'ensemble, je le veux; mais avec l'avantage de fournir des contrastes du plus haut intérêt. Même en face de Raphaël, de Titien, de Rubens, de Van Dyck, de Rembrandt et de Téniers, Murillo et Vélasquez, par exemple, ne sont nullement écrasés, parce qu'ils sont essentiellement différents, parce qu'ils procèdent d'une toute autre façon de concevoir l'idéal et d'interpréter la nature, leur maîtresse à tous. L'art est un sans doute; mais les artistes sont divers; ce sont tous des individualités primesautières, ardentes, fortes, tranchées, avec un même air de famille qui reflète le vrai dans sa variété et le fait resplendir à nos yeux émerveillés. Or l'école espagnole se distingue par son originalité puissante. Les maîtres espagnols! Vous croyez les bien connaître, ô Parisien affairé, qui vous rendez une fois tous les ans peut-être au Musée du

(1) C'est peut-être cet amalgame qui fit dire à un peintre français, à côté de qui je me trouvais, un jour, à un des grands banquets de Lisbonne : « Quoi! vous comptez vous arrêter dix jours à Madrid pour revoir ce *ramassis* de tableaux repeints! » Un de mes amis, qui l'entendit, me glissa dans l'oreille : « Mais ce monsieur est donc un peintre en bâtiments*!* »

Louvre, incomparable à certains égards, et bien supérieur, dans tous les cas, à celui de Madrid, non pas quant au nombre ou à la qualité des chefs-d'œuvre, mais pour l'ordonnance, pour la classification historique ou nationale : Murillo? oui, un peu et pas trop mal, par cinq ou six fort bons échantillons; Vélasquez, Ribéra, Zurbaran? moins, beaucoup moins; Gréco, Berruguète, Moralès, Sanchez, Coello, Juan de Joannès, Cano, Péréda, Moro, Goya, etc.? Presque pas ou pas du tout. Et tous, ils mèritent, à des degrés divers sans doute, d'être étudiés de près.

Estéban Murillo, né à Séville (1518-1682), le prince de l'école sévillane, est représenté ici par quarante-cinq toiles, de dimensions inégales, et toutes dignes de lui. Deux ou trois *Conceptions* rappellent la nôtre du grand salon carré. *Rébecca et Éliézer* (*Genèse*, chap. XXIV), fait à Séville, est du meilleur style de l'auteur. C'est une pastorale enchanteresse. *La Conversion de saint Paul sur le chemin de Damas*, vaste et forte composition, portant, à la manière antique, l'inscription biblique : « Paul, Paul, pourquoi me persécutes-tu ? » n'a pas moins de valeur dans une tout autre gamme, et vous saisit par sa noble grandeur. Tout le monde connaît *los Niños de la Concha :*

les enfants Jésus et Jean-Baptiste jouant avec une coquille, et plusieurs autres du même genre, tout aussi délicieux. Mais que dire de *l'Adoration des Bergers,* ce beau spécimen de la seconde manière du maître? J'eusse un moment désiré emporter la jolie petite réduction que venaient d'en achever MM. Estréda, père et fils, avec qui je liai connaissance. Je résistai à la tentation, aimant mieux encore évoquer à mon gré la fidèle image de l'original fortement empreinte dans mon esprit. Ce qui plaît tout particulièrement en Murillo, c'est la grâce naïve et pure, c'est le coloris charmant. Dans Raphaël, c'est la correction du dessin, l'ordonnance, la parfaite pondération de la composition, la grâce exquise à la fois et puissante.

Vélasquez de Silva (D. Diégo), né à Séville (1599), mort à Madrid (1660), ne compte pas moins de soixante tableaux. Il est le fondateur et le maître sans rival de la brillante école de Madrid du dix-septième siècle; il est le roi du naturalisme vrai et grand. Il a, comme on sait, traité toutes sortes de sujets d'histoire, ou sacrée ou profane, avec une verve, une *maestria* dont rien ne donne l'idée. Il a excellé dans le portrait, de tous les genres, à mon avis, le plus caractéristique et aussi le plus difficile. Jusque dans ses bouffons de cour, ses truands, ses grotesques, il vous parle, parce qu'il fait parler la nature; il vous empoigne, il vous laisse dans la pensée une impression ineffaçable. Je vois toujours, dès que je veux, ses *Hombre de placer*, son *Ésope* surtout (on dirait la charge de notre éminent professeur Gavarret), royalement laid, idéalement beau, à force d'intelligence et de pénétration; et son Ménippe, la satire incarnée, qui lui fait pendant, tous deux en pied, grandeur naturelle. Ces deux œuvres sont du dernier style de l'auteur. A part son admirable *Crucifix*, dont j'ai parlé ailleurs, ce n'est pas dans les sujets de sainteté que Vélasquez brille le plus. Il lui faut un libre essor à sa fougue. Arrêtons-nous, et longtemps, parmi tous ses portraits, devant ceux de Philippe IV et du duc d'Olivarès, son ministre, tous deux à cheval, caracolant, grandeur nature. Ils sont incomparables et soutiennent, sans faiblir, l'écrasant voisinage du fameux Charles V à cheval du Titien, Ils défient toute description : c'est noble, c'est grand, c'est beau; c'est une royale fanfare. Puis signalons au courant de la plume : *las Hilandreras* (les Ouvrières en tapis) avec ses plans si nettement accusés, ses physionomies si vives, son rayon de lumière qui vous poursuit; *Los Barrachos* (autrefois *Baco*), les Buveurs — et certes, on n'a jamais mieux bu ! — faisant face, dans le salon d'Isabelle, à *la Falgua de Vulcano* (la Forge de Vulcain) : le dieu de l'enclume reçoit, au milieu de son travail, la visite inattendue du jeune Apollon, lumineux comme un soleil. Vous n'imaginez pas l'habileté du peintre à rendre la surprise de Vulcain et de ses compagnons d'œuvre ; enfin et surtout la vaste et célèbre composition dite *las Lanzas*, à cause du nombre infini de hautes lances que l'on voit, sans en être troublé, à la droite du tableau. Ce dernier représente le général Justin de Nassau, suivi de son escorte, remettant au vainqueur espagnol Spinola qui vient à sa rencontre, à la tête de son armée, les clefs de la ville de Bréda. J'admire les attitudes, les expressions si bien senties. Tout s'y passe dans les dernières conditions de la courtoisie chevaleresque, dont plusieurs triomphateurs se sont départis de nos jours.

Lecteur, allez voir tout cela : ce que je puis le mieux en dire, c'est que Vélasquez vaut à lui seul le voyage de Madrid. Et je ne dis pas cela uniquement pour complaire à M. Carolus Durand, qui, un jour, dans son atelier, m'entendant vanter

Murillo, fit avec une moue charmante : « Murillo, c'est un bavard ! Parlez-moi de Vélasquez ! » Une fois de plus, je remarquai que les peintres, même les meilleurs, en général sont trop du métier, trop, je ne dis pas de parti, mais de genre pris, pour rendre également justice à tous.

Ribéra (José à Jusepe de), surnommé l'*Espagnolet* (car il est éminemment Espagnol), né à Xativa ou Saint-Philippe, près de Valence, en 1588, mort à Naples, en 1659, étudia à Valence, dans l'atelier de Jean Ribalta, puis partit pour Rome, où un cardinal l'arracha à une misère profonde. Il voyagea en Italie, s'inspira du Corrège et surtout de Caravage, son maître préféré, et vécut à Naples dans l'opulence d'un riche mariage et des faveurs royales, ne pouvant suffire à toutes les commandes du vice-roi et de Philippe II. Violent et terrible dans sa manière comme dans le choix de ses sujets, il brille à la fois par le dessin, le clair-obscur et l'expression. Le musée de Madrid le fait bien connaître, car on y voit cinquante-sept de ses tableaux. Outre son *Échelle de Jacob*, et son *Jacob recevant la bénédiction d'Isaac* (*Genèse*, XXVIII), que tout le monde connaît par la gravure, on remarque surtout ses Apôtres, et parmi eux *saint Paul, saint Jacques, saint Pierre, saint Barthélemy, le supplice* de ce dernier et *saint André; la Madeleine*, et son *saint Roch*. Et son *saint Jérôme*, à faire envie à M. Henner! Et son *Combat de femmes*, combat furieux, s'il en fut!

Zurbaran (Francisco de), né à Fuente de Cantos, en Estramadure (1598), mort à Madrid (1662), représente, avec *Murillo*, l'école sévillane de la meilleure époque, et compte ici treize tableaux, dont les deux plus beaux sont *les Visions de San Pedro Nolasco*, fondateur de l'ordre de la Merci. C'est un peintre mystique qui vous transporte volontiers dans les extases apocalyptiques.

Moralès (*Luis de, el divino*), né et mort à Badajoz (1520?-1586), dont la manière toute archaïque a beaucoup d'analogie avec celle des vieilles écoles florentine et flamande, n'a fait que peu de tableaux. Aussi Madrid doit-il se féliciter d'en avoir cinq des plus importants, notamment l'*Ecce Homo* et la *Présentation de l'Enfant Jésus*.

Cano (Alonso) de Grenade (1601-1667), un des bons maîtres de l'école sévillane, se recommande encore à notre attention par huit tableaux de sainteté où je distingue le *Saint Jean écrivant l'Apocalypse à Patmos*... Et puis *Mazo* (J. B.

Martinez del), de Madrid, (1600?-1667), peintre d'histoire et de paysage, avec seize tableaux remarquables; et les nombreuses toiles de Juanes (1507-1579) qui rappelle Raphaël, ou de Berruguette, cet habile imitateur de l'école vénitienne au XVIe siècle... et que sais-je encore? Mais n'oublions pas que nous ne faisons pas ici un catalogue ni un extrait de catalogue, même raisonné. Notre seule ambition est de justifier, par des exemples suffisants, notre impression d'ensemble, notre profonde admiration, ce sentiment délicieux qui vous élève un instant à la hauteur des plus grands génies, et de vous inspirer à tous, lecteurs, le désir de faire la connaissance approfondie du musée du Prado et, en particulier, de son école espagnole. Ajoutons seulement quelques mots à la louange de son plus noble représentant des temps modernes, *Goya y Lucientes* (D. Francisco), né à Fuente-de-Todos (Aragon) en 1746, et mort en 1828, à Bordeanx où il a passé les dernières années de sa vie : Goya, ce Hogarth en grand, ce peintre admirable de cauchemars effrayants ou de réalités tout aussi effrayantes, telles que le *Massacre des paysans madrilènes par les soldats français;* ce portraitiste original, séduisant, qui tout en étant bien *lui*, rappelle tour à tour Vélasquez, Rembrandt et même Reynolds dont il procède visiblement. N'oubliez pas de vous faire montrer en haut, dans une salle fermée, les fameux cartons à tapisseries de ce peintre inépuisable qui a débuté dans la misère. Un banquier de Madrid, M. Max Laffite, à qui j'étais recommandé, me conduisant à travers sa jolie collection d'objets d'art, m'a signalé deux ou trois de ses premières toiles « qu'il donnait alors pour une bouteille de bière. » Rien n'égale la fougue de Goya. On raconte que, décorant une villa près de Madrid, il s'amusait à jeter contre les murs blanchis des couleurs mêlées dans une chaudière, et que de ce chaos il faisait jaillir des figures, des scènes palpitantes d'intérêt. Mais ne négligez pas surtout de vous faire conduire au rez-de-chaussée, dans les belles salles dites Alphonse XII, ordinairement fermées, elles aussi, et qui renferment des merveilles : entre autres, le n° 2188, *le Triomphe de la Religion* par Van Eyck, pour lequel les Allemands ont vainement offert des millions, et deux Albert Durer, un *Adam* et une *Ève*, grandeur naturelle, qui valent ce que j'ai vu de plus beau de ce grand maître dans sa propre patrie, à Nuremberg et à Augsbourg, par exemple. On ne saurait pousser plus loin science ni conscience.

Il importe de rappeler ici que toutes les écoles de peintures, sauf l'anglaise, sont brillamment représentées à Madrid : la flamande, la hollandaise, l'allemande, la française (celle-ci occupe tout un beau salon en rotonde qui précède la grande galerie), enfin, et par-dessus tout, l'italienne. Songez qu'il y a au Prado dix superbes toiles de Raphaël : la fameuse *Vierge au poisson, la Sainte Famille au berceau*, une autre dite *au Lézard*, une autre surnommée *la Perla*, en souvenir de Philippe IV qui, en la recevant, s'écria : « Ah ! ce sera la perle de mon musée. » Enfin, et pour ne pas les désigner toutes, *le Christ portant sa croix*, bien connu sous le nom de *Il Spasimo di Sicilia* ; et ce portrait merveilleux d'un cardinal, que l'on voit au fond du salon d'Isabelle et qui fait pendant à un non moins merveilleux portrait de jeune femme du Raphaël florentin, d'André del Sarto, que ses compatriotes ont si bien surnommé *il pittore senz'errore*. Quant au Titien, c'est, après Venise, à Madrid qu'il faut aller pour l'admirer dans toute sa splendeur et dans toute sa puissance. On y voit quarante-deux toiles de ce maître qui mourut en 1576, presque centenaire, rassasié de gloire non moins que d'années. A ce propos, un simple souvenir. J'étais, le 4 octobre, dans la grande Galerie, placé entre deux des plus admirables portraits de ce peintre prodigieux, qui se font face l'un à l'autre, comme pour mieux établir le contraste; quand j'aperçois notre aimable et savant historien, sénateur, M. H. Martin, revenant lui aussi du congrès de Lisbonne. « Ah! me dit-il s'avançant vers moi la main tendue, c'est une bonne fortune pour moi de me retrouver ici, inopinément, malgré l'embarras momentané qu'a pu me causer une erreur commise à l'embranchement d'une autre ligne que je devais suivre. Involontairement, je reviens toujours à la place où vous êtes. Vous-même, si je ne me trompe, vous êtes sous le charme en vous y arrêtant? — Je m'inclinai. — « Savez-vous que dans toute cette collection resplendissante, rien ne me paraît plus grand, plus saisissant, plus épique, que ces deux toiles du Titien, et surtout que cet incomparable Charles V à cheval, qui fait revivre son héros mieux que les plus belles pages d'histoire. Le voyez-vous, ce chevalier-conquérant, penseur obstiné, qui, près de quarante ans durant, occupa tous les champs de bataille de l'Europe et de l'Afrique, courant, par un beau crépuscule, au soir de sa carrière, seul avec son vaste et ambitieux génie, la lance en arrêt, le front baissé sous le poids de son immense orgueil, à la domination de l'univers? Mais tournez les yeux : voyez ce même empereur romano-hispanico-germain, jeune encore, présentant, dans l'ivresse de son triomphe, son fils nouveau-né, Philippe II, sans doute, au ciel qu'il invoque et qui lui répond par la bouche de la Renommée : *Majora tibi!* Et, — présage menteur, retour forcé de l'absolutisme, — ce Philippe II, c'est la bigoterie, c'est la moinerie, c'est l'inquisition, c'est l'expulsion inique, impolitique et désastreuse des Mores; c'est l'Armada, « l'invincible « Armada, » balayée en une nuit par la tempête : c'est l'Espagne amoindrie, appauvrie, tombée pour longtemps par la faute d'un fanatique insensé! »

Ah! comme je me suis rappelé ces paroles dites simplement et avec conviction, en visitant, peu de jours après, l'Escorial fait à l'image de ce sombre monarque; et aussi quelques-unes des résidences superbes où aimait à se reposer de lieu en lieu, tantôt à Tolède, à Valladolid ou ailleurs, le superbe Empereur-roi si bien dépeint dans le fameux monologue d'Hernani, « le plus long qui soit au théâtre, » me disait un jour Victor Hugo, qui a dû s'inspirer du portrait du Titien. En me séparant de notre illustre historien, je reste encore quelque temps à contempler ce chef-d'œuvre vraiment dramatique ; puis, reportant mon regard sur son vis-à-vis, je me surprends à répéter machinalement les vers bien connus de notre grand poète. Faisant parler Napoléon Ier en même situation, à la naissance du roi de Rome :

« L'avenir, l'avenir est à moi ! »
— Non, l'avenir n'est à personne,
Sire, l'avenir est à Dieu !
A chaque fois que l'heure sonne,
Tout ici-bas nous dit adieu...

Tout à côté, vous remarquerez un autre Titien qui m'a ravi : *Sainte Marguerite foulant aux pieds le dragon*. On ne peut rien voir de plus noble ni de plus gracieux. La sainte brandit la croix d'un air triomphant, son regard élevé vers le ciel est calme et assuré. Le ton verdâtre de sa robe ondoyante est digne du grand Vénitien. Le paysage fait rêver tout comme celui qui environne Charles V.

Enfin, pour ajouter encore à l'idée que vous devez commencer à vous faire de la richesse de ce musée, permettez-moi, lecteur, de vous dire que l'école flamande n'est pas moins bien partagée. Vous y verrez soixante-cinq Rubens, vingt et un Van Dyck, soixante-trois Téniers, des Jordaens, des Snyders, des Brenghel sans fin, et, parmi eux tous, des spécimens hors ligne. Vous comprendez que, grand amateur de peinture, j'aie pu, dix jours durant, passer chaque matin près de deux heures à étudier ces chefs-d'œuvre dont j'ai à peine caractérisé ici deux ou trois.

Et ce n'est pas tout : il y a encore l'Académie royale de San Fernando qui renferme une collection d'environ trois cents tableaux, parmi lesquels le *Saint Jérôme* de Ribéra, quatre portraits de moines de Zurbaran, plusieurs Goya caractéristiques, et surtout l'un des plus grands et des plus beaux (je dirais volontiers le plus beau) de Murillo : *Sainte Élisabeth de Hongrie soignant les teigneux.* J'y ai remarqué aussi un grand buste en marbre blanc de Fortuny, notre peintre si amoureux de l'Espagne, et l'Espagne le lui a bien rendu. Il y a le *Museo nacional*, dans les salons du ministère *de Fomento*, avec ses huit cents tableaux. Il y a enfin les nombreuses galeries particulières, riches de toutes sortes de merveilles de l'art, et notamment celles du marquis de Salamanca, du duc d'Albe, de l'infant Don Sébastien, etc.

Ici qu'on me permette, sans m'accuser de pédantisme, une simple réflexion qui se présente à ma pensée. Tous ces tableaux, je les vois encore comme s'ils étaient là sous mes yeux. Avez-vous réfléchi à cette merveilleuse puissance de la mémoire imaginative propre à l'homme, si prodigieuse chez le peintre, qui s'accroît sans cesse chez l'amateur de tableaux, d'objets d'art? Quoi! je puis, moi, « faible vermisseau, » évoquer à ma fantaisie tous les souvenirs, faire défiler sous l'œil de mon esprit, un à un et presque à la fois, tous les sujets qui m'ont frappé dans je ne sais combien de musées publics ou de galeries particulières : et je douterais de l'Infini, de Celui qui l'enserre et le domine, de sa Providence enfin, sous prétexte qu'il est trop grand ou pas assez puissant pour s'occuper de tout!

C'est par une pluie battante, avec abaissement subit et très sensible de la température (quand il pleut à Madrid c'est à torrents et généralement pour plusieurs jours), que, le 6 octobre, à huit heures du soir, le Théâtre royal rouvrait ses portes à ses habitués. Or, l'après-midi, flânant en vrai touriste dans les rues principales qui aboutissent à la *Puerta del Sol*, comme les artères au cœur et surtout au nord, dans la *calle de Montera*, la plus commerçante, j'eus le loisir de constater le mouvement que ce grand événement imprime, même par le mauvais temps, à la population madrilène. De belles dames étaient tout occupées des derniers soins à donner à leur toilette qui allait briller de tout son éclat dans une salle resplendissante de blanc, d'or et de lumière. Pour ce qui était d'une bonne place, j'y devais renoncer : tout avait été retenu d'avance. Mais je réussis sans peine à avoir une *entrada* (6 réaux) qui me donnait accès au paradis, en plein populaire, et me permettait dans les entr'actes de circuler partout, de visiter le foyer, la salle et ses dépendances. La salle me fit une impression très agréable de fraîcheur, de bon ton et même de bon goût. La cour était au complet dans sa haute et grande loge d'avant-scène à droite, avec une table chargée de fleurs et de friandises. Les dames, simplement et élégamment parées, assises à l'aise dans leurs loges bien aménagées, embellissaient singulièrement le spectacle. Les messieurs, en grande tenue, se promenaient volontiers dans le joli fumoir du rez-de-chaussée, et devisaient entre eux de la question du jour.

La salle, comble d'ailleurs, retentissait souvent d'applaudissements enthousiastes, surtout pour le ténor Goiarre qui me paraissait les bien mériter, Ce fut, somme toute, pour ce que j'en ai pu voir et entendre, une représentation des plus satisfaisantes.

Les théâtres ne manquent pas à Madrid. On m'en avait recommandé deux entre tous : 1° le *Teatro espanol* (*plaza Santa-Anna*), qui compte douze cents places où l'on nous donna, non sans mérite, quoique avec emphase, le *Romancero du Cid* par un auteur dont le nom tudesque m'échappe; 2° le *Teatro de la Comedia*, tout près de là, qui ne contient guère que huit cents places. Ici j'entends quelques pièces légères du répertoire moderne, entre autres une vraie pasquinade digne des tréteaux; enfin *los Habladores* de Cervantes, comédie en un acte qui justifie pleinement son titre. C'est un défilé fort amusant de bavards dont le principal débitait son rôle avec une volubilité à vous désopiler la rate, et à faire envie même à M. Coquelin aîné.

Ce qui manque encore moins à Madrid ce sont les cafés. Il y en a à chaque pas autour de la *Puerta del Sol*. La consommation y est généralement bonne, mais les journaux en sont absents.

Les marchands vous les offrent à l'entrée. Quelques-uns sont très vastes et artistement décorés. Signalons ceux de *Formos*, via Alcala, et d'*Iberia*, via San Yeronimo, ce dernier préféré des gens de lettres. L'un et l'autre sont décorés de peintures resplendissantes de couleur locale.

Les restaurants sont peu nombreux. Cependant les marchés sont richement approvisionnés. Les fruits de toute espèce y abondent. Nous nous régalions tous les jours à l'hôtel de chasselas dignes de Fontainebleau, et de pastèques blanches ou rouges, très sucrées qui, comme pour les Napolitains, jouent un grand rôle dans l'alimentation du peuple espagnol. On nous servait aussi régulièrement des fromages de Roquefort et de Gruyère absolument semblables aux nôtres et qu'on nous dit être de fabrication madrilène.

La rue de Tolède et ses aboutissants sont peuplés d'ouvriers. La foule y est grouillante. Curieux de l'observer, un soir à la sortie des ateliers, je m'y rendis sur les huit heures. Je viens à passer devant un édifice passablement lourd portant l'inscription : *Ministerio del Fomento* et rencontre un personnage vénérable, gravement enveloppé de son grand manteau brun brodé de velours noir (il faisait très froid), et lui demande le sens de ces mots que je soupçonnais d'ailleurs. « C'est, me dit-il fort poliment, et en bon français (peu flatteur pour mon espagnol, mais très obligeant pour moi); le centre de l'Administration publique. Il se compose de trois divisions principales : l'Intérieur et les Travaux publics; le Commerce et l'Industrie, et enfin l'Instruction publique dont je suis inspecteur pour vous servir. » Puis il me remet sa carte. J'y lis : *Francisco de Paula, Marquez y Roco, Brigadier de la Armada*. Je lui présente la mienne, en lui racontant l'objet de mon voyage. « Ah! me dit-il, puisque vous êtes homme de lettres, administrateur d'un bureau de bienfaisance de Paris, etc., vous devez vous intéresser à l'instruction, au bien-être populaire. Nous faisons ici du mieux que nous pouvons dans ce sens, et avons, il y a quelque temps, fondé sept écoles professionnelles du soir pour les ouvriers et les apprentis, et cela dans les quartiers qu'ils habitent. Je vais, à peu près tous les soirs, visiter tantôt l'une tantôt l'autre, et serai charmé de vous montrer celle qui est ici tout près. » Nous arrivons à un ancien établissement de jésuites, et montons par un bel escalier à des salles hautes et bien installées, d'où sortaient précisément un nombre considerable d'élèves. Le local est partagé en sections de grammaire, de dessin, de géométrie, d'architecture, etc. Je remarque dans la seconde quelques planches lithographiées empruntées à l'art français, entre autres une belle académie de femme d'après H. Flandrin, et dans la troisième et quatrième, toutes les figures et tous les moulages nécessaires. Je remercie mon aimable cicerone, qui m'offre de me conduire partout et de me donner tous les renseignements. Je l'accompagne ainsi jusqu'au bout de la *Calle Mayor*, à la place de l'hôtel de ville qui n'a rien de bien remarquable. En face du palais municipal, on remarque une curieuse élévation renaissance, avec tourelle, où fut enfermé François Ier, après sa défaite de Pavie. Regrettant de ne pouvoir profiter davantage de la parfaite complaisance de notre contre-amiral, je le quitte après neuf heures, pour aller bien loin de là, passer la soirée en famille chez M. Arredondo, l'édile aimable dont j'ai déjà parlé. On venait de souper. Après un moment d'entretien au salon avec Madame, blonde et belle à la Paul Véronèse, le maître du logis m'engage à voir son cabinet de travail. « Rien de mieux, lui dis-je, puisque le cabinet de travail est généralement, selon Montaigne, *la pourtraicture* de celui qui l'a formé et qui l'habite. » J'y trouve en effet l'ordre et le goût qui conviennent à un administrateur chargé de veiller aux embellissements d'une grande cité. J'admire quelques objets d'art et particulièrement une vitrine renfermant un choix de belles armes à feu. — « Tenez, me dit mon hôte, en retirant une magnifique carabine en tromblon, examinez cette arme incrustée et damasquinée. Elle a appartenu au fameux José Maria, chef de brigands qui en aura fait bon usage, ce qui ne l'a pas empêché de payer de sa tête ses exploits. » — « Oui, ajouta un tiers, un cousin de M. A., de la tournure la plus distinguée, un brigand, mais un brigand gentilhomme, qui donnait aux pauvres la plus grosse part de son butin. » Je ne pus m'empêcher de sourire de cette bienfaisance singulière, propre encore d'ailleurs à certaines gens qui ne passent pas pour brigands, et de me dire *in petto :* Décidément l'Espagne est bien toujours la patrie des don Quichottes.

A ce propos, on me permettra ici une anecdote assez piquante. C'est bien sa place, quoique le fait se soit accompli plus de six mois après, fin mai 1881, à l'occasion du centenaire de Calderon si brillamment célébré à Madrid. Les journaux en ont assez parlé, mais je puis, tenant le récit de la bouche même du témoin le plus autorisé, rectifier ici plus d'une erreur et donner au récit tout son relief. On sait que l'édilité parisienne a été représentée à cette fête plus que nationale puisqu'elle intéresse l'esprit humain, par le président du Conseil municipal et quelques-uns de ses collègues. L'un d'eux, M. Hattat, descendait à peine de chemin de fer, qu'il s'aperçut que sa belle montre avait disparu. Grand émoi et surtout du côté de l'édilité madrilène qui entendait faire galamment les choses. Elle met sur pied sa police qui naturellement connaît à peu près tous les bons coins. Celle-ci fait savoir à MM. les filous (peut-être bien n'étaient-ils pas tous Espagnols en un pareil concours), que si la montre n'est pas rendue dans les vingt-quatre heures, on sévira contre eux, et alors gare et adieu les bonnes aubaines dans une foule compacte de toutes les provenances ! La montre est rendue... mais démontée : la boîte d'or tordue pour la fonte; seuls le mouvement et les initiales en relief étaient intacts. Le lendemain, à un banquet splendide, le maire de Madrid présente à M. Hattat un superbe écrin à deux cases : l'un renfermant le mouvement et les débris ; l'autre, un beau chronomètre auquel on avait habilement adapté les initiales. Ce trait dit beaucoup.

Reprenons notre voyage. L'Escorial, je l'ai déjà dit, ne m'avait pas, à mon rapide passage, fait de loin une fort agréable impression. Mais quitter Madrid sans voir au moins l'Escorial et Tolède, c'eût été coupable, maladroit. Pour Tolède, j'avais une partie montée avec mes aimables voisines de table, trois dames américaines intelligentes et mûres, qui voyageaient avec un courrier. Je la raconterai ci-après. Quant à l'Escorial, c'est une promenade que je fis aisément, du matin au soir, en nombreuse et agréable compagnie : Français, M. et Mme Oppert du nombre, Anglais, Allemands, Russes et notamment le bâtonnier de l'ordre des avocats de Moscou, qui m'avait vivement entrepris sur la question sociale.

L'Escorial est, on le sait, la plus belle, la plus vaste résidence royale hors de Madrid, à 51 kilomètres nord de la capitale. Bâti, sur l'ordre et sous le règne de Philippe II, fils de Charles V, par ses architectes, Juan Batista de Tolède, d'abord, puis Herrera, son élève, en souvenir de la prise de Saint-Quentin et pour l'accomplissement d'un vœu à saint-Laurent, que le roi bigot avait « offensé » en canonnant son église; ce palais, commencé en 1565, fut achevé en vingt et un ans, un peu après la mort du fondateur. Près d'une vingtaine de millions y furent dépensés, ce qui fait bien le triple ou le quadruple aujourd'hui. Les Espagnols le considèrent comme la huitième merveille. Ils le disent à l'envi; je ne partage pas leur sentiment. Il y aurait à ce prix trop de huitièmes merveilles! L'aspect général de l'Escorial, de style dorique, est lourd. On ne saurait le comparer, ni pour la majesté ni pour l'élégance, au Louvre ou à Versailles. Le plan en est bizarre dans son appropriation même au vocable du saint. Figurez-vous un gril, mais un gril retourné; l'église, surmontée d'une coupole, qui s'avance sur la façade, formant le manche, et les quatre tours qui flanquent les quatre coins de ce massif édifice représentant les pieds de l'instrument incommode où fut étendu le patron choisi par le sombre souverain, qui avait un faible pour les grillades. De là un quadrilatère régulier, formant à peu près un carré parfait; des lignes parallèles de bâtiments intérieurs dessinant les barres du gril et séparés entre eux par des cours ou jardins monotones et tristes. Cette invention peut paraître ingénieuse. Philippe II dut la considérer comme un trait de génie ou comme une illumination d'en haut : elle nous semble puérile, autant que le plan de la croix pour nos cathédrales, nous semble simple, naturel et grand. A poursuivre ces allusions, véritables *concetti* en architecture, il faudrait élever à sainte Cécile un temple en forme de roue dentée; à saint Barthélemy, une basilique en manière de scalpel, etc. Voyez d'ici et jugez de l'effet ! Quant aux élévations des quatre côtés, elles sont d'une désespérante uniformité. Point de ces grandes lignes architecturales, de ces saillies vigoureuses qui dessinent harmonieusement les proportions d'un bel édifice; pas de pilastres, de colonnes : des murs bien hauts, bien droits, bien unis, percés de fenêtres innombrables (onze cents, dit-on), trop petites, toutes carrées, qui vous font froid dans le dos : un imposant colosse de granit.

Voilà la première impression causée par le monument vu du dehors, au sortir de la belle plantation qui le précède.

Pénétrons à l'intérieur. Les cicerone sont là toujours prêts à vous mener, par escouades, de chambre en chambre, de la bibliothèque à l'église; du sombre repaire de Philippe II au panthéon funéraire. Les chambres! elles sont sans nombre, et il suffit d'en voir quelques-unes, car elles se ressemblent toutes, sauf la petite portion réservée à la résidence d'été des princes actuels, qui n'y restent d'ailleurs que peu de semaines, tant ils s'y plaisent. Ces pièces royales se suivent en enfilade. La salle dite des *Pendules* (il y en a cinq ou six plus ou moins belles) sert de vestibule. Elle conduit, à la salle dite des *Tapisseries*, qui sont bien crues de ton. Le salon où j'avise et touche en passant un piano dont nous ne voudrions pas, et les chambres à coucher se distinguent par des travaux d'ébénisterie, des incrustations et des marqueteries en bois précieux (*maderas finas*) qui sont merveilleux. Au milieu des appartements royaux se trouve la fameuse *salle des Batailles*, couvertes de fresques, représentant la célèbre bataille de Higueruela, et la victoire remportée sur les Arabes par le roi don Juan II, sous les murs de Grenade; la bataille de Saint-Quentin, la prise de la ville, et deux expéditions faites aux îles Açores sous le règne de Philippe II. Ces peintures fort curieuses ont toute la valeur de documents historiques. On sent que, à part ces appartements royaux, les corps de logis immenses où l'on se perd devaient abriter un nombre infini de diplomates, de courtisans, d'officiers du palais, de militaires, de moines surtout, qui avaient à passer par le même moule pour agréer au terrible despote. Tout cela suinte l'ennui à haute dose. « C'est spleenique, » a dit Th. Gautier. Mais nulle part l'ennui, le spleen, le froid glacial ne règnent, ne trônent comme dans ce que j'ai appelé tout à l'heure le repaire de Philippe II. Il est au rez-de-chaussée; une grande pièce à deux fenêtres, meublée d'une table et de quelques chaises de chêne revêtues de cuir, le précède. C'est là qu'attendaient les ambassadeurs, les conseillers intimes, avant d'être admis en présence du maître, dans sa cellule faite à son image. Celle-ci est encore là, intacte, sombre, nue, avec son petit prie-Dieu, son escabeau de bois de chêne creusé où le roi étendait sa goutte, et ses deux petites portes pratiquées à gauche et à droite, pour communiquer, l'une avec la nef, l'autre avec le chœur de l'église. Nous y entrons à notre tour par ces mêmes portes. Ici, je fus saisi, car ce sanctuaire, construit à l'image de Saint-Pierre de Rome dont on dirait une réduction moins opulente et plus grave, ne manque ni de force ni de grandeur. Mais elle est triste et froide comme le reste. Le retable de la *Capilla mayor*, doré et sculpté, les belles statues de bronze, agenouillées à gauche et à droite, deux corps d'orgues considérées comme les meilleures de l'Espagne, relèvent la monotonie de l'ensemble. Le chapitre ou chœur, qui fait face au grand autel, au fond de la nef où il forme un étage, est à lui seul une église symétrique et sévère comme la grande. Les bancs d'œuvre en sont simplement et soigneusement sculptés. De magnifiques livres d'heures et de plain-chant manuscrits sur vélin, superbement reliés, hauts d'un mètre et plus, y figurent sur un énorme pupitre à quatre faces. N'oublions pas, derrière la stalle du prieur, un couloir étroit conduisant à une petite chapelle où l'on admire un très beau christ en marbre blanc de Benvenuto Cellini.

Nous sortons par le grand portail où se profilent à l'extérieur, sur une vaste cour, les statues colossales des prophètes Élie et Isaïe, si je me souviens bien, pour pénétrer dans le cloître inférieur, formé de quatre galeries voûtées où se développe un escalier monumental orné de fresques de Luca Giordano. Puis nous passons à la bibliothèque qui occupe deux belles et vastes salles se correspondant au rez-de-chaussée et au premier étage, l'une pour les imprimés, l'autre pour les manuscrits. C'est là que nous attendaient, M. Oppert et moi, les plus agréables surprises. Nous regrettions que le temps nous manquât pour examiner plus en détail et pour nous faire ouvrir d'autres trésors. Néanmoins, dans les seules vitrines exposées au public, nous admirons des documents hébreux, arabes, grecs et latins de toute beauté avec des miniatures et des dessins de maîtres célèbres. Celui qui voudrait explorer ou même exploiter la bibliothèque de l'Escorial, ne perdrait certes ni son temps ni sa peine.

Une autre surprise nous attendait encore : le *Panthéon* ou caveau funéraire (*el Pudridero*), situé sous la *Capilla mayor* et destiné aux sépultures royales. Il est à une très grande profondeur en sous-sol. On y descend par un magnifique escalier tout de marbres de couleurs diverses qui, à mi-chemin, donne, sur le côté, accès à une première salle d'attente toujours fermée, qui reçoit la dépouille mortelle le jour des funérailles, et jusqu'à sa translation définitive en bas dans le panthéon des rois. Celui-ci est une vaste et haute enceinte octogonale, revêtue entièrement de porphyres et de marbres précieux relevés par une profusion d'ornements en bronze doré. Six côtés sont occupés par quatre rangs de niches superposées, renfermant chacune un cippe de forme antique, de marbre noir, avec un cartouche portant les noms du défunt. Plusieurs, un tiers environ, attendent encore leurs dépouilles. Ne sont admises parmi les reines que celles qui ont eu le sceptre en main ou qui ont fait souche. Ainsi la belle et intéressante Mercedès, fille du duc de Montpensier, morte en 1879, n'y figurera pas, parce qu'elle est morte sans enfants. On sait que le roi Alphonse XII s'en est dédommagé en élevant à la mémoire de sa jeune épouse un superbe mausolée. Hélas ! le faste n'a jamais ressuscité personne.

Et dans ces grands tombeaux où leurs âmes hautaines
Font encore les vaines,
Ils sont rongés de vers :

Voilà ce que, malgré moi, je me répétais en remontant, à la lueur d'une lampe sépulcrale, les degrés de cette crypte mortuaire où les pompes mêmes qui vous environnent prêchent éloquemment l'égalité et le mépris des vaines grandeurs. Le roi Salomon ne me semblait pas avoir moins raison que Malherbe, quand il dit :

« Un chien vivant vaut mieux qu'un lion mort. » (*Eccl.*, IX, 4.)

Il nous restait à visiter le collège et le séminaire ; mais nous en avions assez : il nous tardait à tous de respirer l'air du bon Dieu sous la voûte azurée du ciel. Ouf ! disions-nous ; en fait de prison, ce n'est pas encore celle-là que nous choisirions. Nous étions tous d'avis que l'Escorial est bien plus un couvent qu'un palais. N'importe : il faut le voir. Il a son cachet d'origine, et qui ne l'a pas visité en détail n'a pas encore une idée exacte de Philippe II, de son règne et de son temps.

CHAPITRE QUATRIÈME

TOLÈDE, VALLADOLID, BURGOS, FONTARABIE

Il y a deux manières bien différentes de voir Tolède : ou d'y rester des semaines, des mois, de s'y prélasser comme en un musée au plein soleil, regardant tout en détail, et il en vaut la peine ; ou d'y passer comme en courant, pour saisir au vol les choses les plus remarquables, et se contenter en somme d'une vue, d'une impression d'ensemble. De ces deux manières de voyager la première est sans contredit la meilleure ; car elle permet de se rendre un compte exact de tout et elle n'exclut point la faculté de généralisation. Mais le temps est un maître exigeant qui ne vous accorde pas toujours ses faveurs. Mes voisines de table avaient à le ménager. Cependant elles ne voulaient pas partir sans avoir vu Tolède. Leur habile courrier Boscowich de l'*Hôtel continental* à Paris, qui l'avait visité maintes fois, se chargeait de leur aplanir les chemins, de les mener partout, en train de plaisir, du matin au soir. Elles me proposèrent fort aimablement de les accompagner. J'acceptai avec empressement, car, outre l'agrément de leur société, j'avais là une occasion excellente de faire rapidement la partie de Tolède qui entrait aussi dans mes plans.

Nous partons à huit heures et demie de la station d'Atocha, traversant une campagne assez animée, et franchissons en deux heures et demie les 90 kilomètres qui nous séparent de notre destination. La station est en bas de la ville, au pied du beau pont d'Alcantara sur le Tage, qui contourne très agréablement, en de vertes et opulentes prairies, la colline, un des premiers contreforts des monts de Tolède, où se dresse, pittoresque et superbe, l'antique résidence de la belle Espagne.

Le pont San-Martin le coupe en aval, à l'autre extrémité de la courbe. Une voiture à deux mules, commandée d'avance pour toute l'après-midi, nous attendait. Je me hâte de dire aux voyageurs que, s'ils ont des jambes pour grimper, cette précaution leur est inutile : les distances n'ont rien d'effrayant, du moins en ville. Nous passons devant les restes à peine visibles, en plein champ, d'un amphithéâtre romain ; remarquons, en traversant le fleuve peu éloigné de sa source à cet endroit, les deux ou trois arches d'un antique pont romain, et arrivons, par un chemin montant, passant de surprise en surprise, à la *fonda del Lino*, où l'on déjeune — fort mal. Puis la voiture nous reprend, quitte à en descendre souvent pour pouvoir pénétrer dans un méandre de ruelles les plus curieuses. Nous ne nous lassons pas de regarder.

Quelle ville intéressante que Tolède ! Capitale de la Castille depuis Alphonse VI (1065-1109), qui en fit la conquête et plus tard, jusqu'en 1560, de toute l'Espagne, elle comptait alors 200,000 habitants. Elle n'en a plus que 18,000. Avec ses principaux monuments bien conservés, habilement entretenus, elle a en outre tout l'attrait d'une ruine immense, superbe. Mais ne marchons pas sur les brisées de Th. Gautier : il en a fait une de ces peintures lumineuses que nous ne saurions égaler. Quelques détails précis, les uns nouveaux, les autres anciens ; quelques mots seulement pour résumer nos impressions : c'est tout ce que nous avons à offrir. « Il faudrait, dit mon Guide diamant, une année pour étudier Tolède, jour par jour, dans ce dédale de ruelles escarpées, pour demander le secret de l'art à cette étonnante confusion d'arcs, de voûtes, d'ogives, de fenêtres et de colonnettes qui sont des trésors, barbouillés, hélas ! d'une quintuple couche de chaux. Pour peu que l'on gratte, partout on retrouve des sculptures, des arabesques, des méandres de feuillages, des animaux fantastiqnes. Sur toutes les portes on aperçoit des écussons armoriés et des devises ; aux croisées, des balcons en vieux fer tourmenté et des grilles à barreaux serrés ; à toutes les maisons de vieilles portes massives bordées de bandes de métal, garnies de marteaux historiés, ferrées de clous rangés avec ordre, serrés et pressés, à têtes ciselées, grosses comme des œufs... » Soit : un an si l'on veut, pour compter ces clous, inventorier ces ornements, que nous aurions sans doute aimé examiner de plus près, ou plutôt, soyons juste, pour bien s'inspirer du caractère éminemment noble et artistique de Tolède, dont on peut dire comme de Nuremberg : C'est un musée au soleil.

Et d'abord l'œil s'arrête avec complaisance sur les immenses remparts crénelés, appuyés sur des rochers puis sur ces belles portes moresques flanquées de tours : *le Cambron, l'Almaguera*, les deux *Visagra* : l'une, la vieille, datant du premier temps de la domination arabe ; l'autre, la nouvelle, défendue par deux tours rondes, crénelées, du temps de Charles V. Dans l'enceinte intérieure de la ville, est la célèbre *Puerta del Sol*, chef-d'œuvre de l'architecture arabe, véritable joyau archéologique, conservé intact. La place principale, l'ancien *Zocodover*, aujourd'hui nommée place de la Constitution, espace irrégulier entouré d'arcades, forme le centre assez animé de la ville. Les palais ou *Alcazars* étaient au nombre de quatre : on croit retrouver les traces du premier, ancien prétoire des rois goths, dans les substructions de l'hôpital de *Santa-Cruz*, des couvents de *Santa-Fé* et de la *Concepcion*. Le deuxième avait été bâti par les Goths auprès de la porte de Cambron. Un troisième, situé entre la place Jean de Padilla et l'hôpital actuel des Enfants trouvés, présente encore à votre admiration un beau portail de style Renaissance. Le quatrième enfin est ce superbe édifice en quadrilatère, orné aux angles de tours carrées, qui s'élève en acropole au sommet de la colline et semble commander à la ville, à la contrée tout entière. Il avait souffert de bien des guerres, surtout sous Napoléon Ier. Depuis quelques années on y travaille à une restauration intelligente qui est presque achevée aujourd'hui. Nous avons vu les peintres à l'œuvre dans la belle et grande salle du bas. La cour carrée est environnée de trente-deux arcades, élégantes qui forment galerie. Le large et superbe escalier fait de pierres de granit d'un seul morceau est un des plus beaux qui se puissent voir. Les écuries pourraient recevoir plusieurs centaines de chevaux. La vue dont on jouit de la terrasse est ravissante ; elle plonge sur une multitude de merveilles architecturales et s'étend au loin sur une campagne fertile où se joue le Tage sinueux et rapide. Au loin sur ses bords, la fabrique royale d'armes blanches, qui conserve son antique et légitime célébrité, sinon pour la perfection artistique, du moins pour l'excellente qualité de l'acier. Quelques-uns de ses ouvriers ont monté depuis peu, dans l'intérieur de la ville, une fabrique et un dépôt d'instruments d'utilité ou de goût fort bien faits, que l'on peut s'y procurer à des prix très modérés. On vous y montrera des lames d'épée qui s'enroulent comme un ruban et qui n'en percent pas moins une plaque de plomb. Avec un peu plus d'industrie et surtout de réclame, cette entreprise serait susceptible d'une grande extension. Nous avons acheté quelques couteaux de table d'une seule pièce d'acier, lame et manche, que nous pouvons recommander sans réserve. Croiriez-vous que, en nous les enveloppant, le marchand n'a pas même pensé à y joindre son nom et son adresse! Un industriel de Paris ne se rendrait pas coupable de cette négligence.

Mais parlons de la cathédrale, des églises, synagogues et mosquées. On sait que Tolède est pleine de monuments religieux.

Le *Taller del Moro*, atelier où se travaillent les pierres et les marbres destinés à l'entretien de la cathédrale, fut autrefois le palais de quelque grand seigneur. Trois salles magnifiques aux plafonds lambrissés, sont ornées d'une profusion de sculptures de style arabe, de guirlandes, de nielles, d'étoiles, de fleurons, d'inscriptions en caractères coufiques. Le travail n'y chôme jamais, car c'est réellement une merveille, un monde de merveilles, de trésors artistiques que la cathédrale de Tolède ; et les Espagnols luttent, pour sa conservation, avec un soin jaloux contre les ravages du temps et des hauts faits militaires. Commencée en 1227, elle ne fut guère achevée qu'en 1500. Elle n'en présente pas moins le style gothique le plus pur, le plus simple et le plus homogène, le plan primitif ayant été suivi jusqu'au bout. La décrire tout entière serait long, et nous ne faisons pas un *Guide*. Nous esquissons à grands traits et consignons nos impressions. Eh bien ! l'aspect général de cette église immense, avec sa tour haute de 90 mètres, sa majestueuse façade et ses nombreuses portes richement décorées, est des plus imposants. Dommage seulement qu'elle ne soit pas mieux isolée ! Elle gagnerait encore à avoir ses abords largement dégagés. L'intérieur ne vous saisit pas moins que l'extérieur. Partagé en cinq grandes nefs, séparées par quatre-vingt-huit piliers, dessiné en quadrilatère sur une longueur de 113 mètres, une largeur de 57 et une hauteur de 45 au centre, il est entouré de magnifiques chapelles et éclairé par sept cent cinquante fenêtres ornées de vitraux de couleurs splendides.

La *Capilla mayor*, au fond, dépasse en richesse

tout ce qu'on peut imaginer. Le retable, tout entier de mélèze, en est partagé en cinq étages, et chacun d'eux, en compartiments remplis d'une multitude de statues, grandeur nature, et d'ornements du plus beau travail. Des deux côtés de l'autel sont rangées, superposées les unes aux autres, des tombes royales. En arrière du retable, se dresse un entassement de marbres, de bronzes, de volutes, de consoles, de balustres, de chapiteaux bizarres, de nuages et de rayons solaires, qu'on a surnommé *le Transparent*, parce que, dans le projet primitif, cette construction devait être tout à jour pour laisser voir l'intérieur du sanctuaire.

La *Capilla Mozarabica* fut érigée pour perpétuer, au milieu des cérémonies modernes du rite grégorien, l'ancien rite chrétien primitif espagnol ou *mozarabe*. Il faut lire dans Gautier, (p. 152, 153) le singulier duel ou *jugement de Dieu* qui eut lieu à cette occasion. Cette chapelle est ornée de fresques gothiques admirablement conservées qui, représentant les combats des Tolédains et des Mores, l'arrivée des vaisseaux arabes en Espagne, etc., ont une haute valeur archéologique. Nous ne dirons rien des autres chapelles, toutes riches et curieuses, ni de la *Sala Capitula,* ni du *Sagrario*, et quoi encore ? Mais nous ne pouvons passer sous silence :

Le *Coro,* le chœur réservé au clergé, placé dans la nef dont il occupe une partie importante, en face du grand autel dont il est séparé par un large passage. Ici écoutons Gautier : « Il est composé de trois rangs de stalles en bois sculpté, feuillé, découpé d'une manière merveilleuse, avec des bas-reliefs historiques ou allégoriques. L'histoire de Jésus-Christ s'y déroule tout entière. L'art gothique sur les confins de la Renaissance, n'a rien produit de plus pur, de plus parfait ni de mieux dessiné. On attribue cette œuvre effrayante de détails, aux patients ciseaux de Ph. de Bourgogne et de Berruguète. La stalle de l'archevêque, plus élevée que les autres, est disposée en forme de trône et marque le milieu du chœur ; des colonnes de jaspe d'un ton brun et luisant couronnent cette prodigieuse menuiserie, et sur l'entablement s'élèvent des figures d'albâtre, aussi de Philippe de Bourgogne et de Berruguète, mais dans une manière plus souple et plus libre, d'une élégance et d'un effet admirables. D'énormes pupitres de bronze couverts de missels gigantesques, de grands tapis de sparterie, et deux orgues de dimensions colossales, posées en regard, l'un à droite, l'autre à gauche, complètent la décoration. » Tout cela, il est vrai, est éblouissant. Mais nous ne pouvons dissimuler le désappointement que nous fit éprouver, au premier regard et au point de vue de l'effet d'ensemble, ce sanctuaire, si admirable soit-il, qui, absorbant à lui seul une moitié de la nef, la partage et constitue littéralement une église dans l'église. Par là, nous sommes privés de cet aspect vraiment grandiose que présentent nos vaisseaux gothiques, entièrement dégagés, dont l'œil saisit en quelque sorte d'un coup l'immensité profonde. Et puis ce droit léonin du clergé cet isolement hautain des humbles ministres d'un culte qui doit s'adresser avant tout au cœur blesse le sens populaire, heurte l'instinct égalitaire, fraternel qui découle de l'esprit chrétien Les Italiens eux-mêmes l'ont bien compris, en ouvrant toutes larges leurs nefs, gothiques (elles sont rares chez eux) ou autres, à l'adoration des simples fidèles. Là le peuple va, vient, circule librement : il se sent chez lui. Dans la cathédrale espagnole, les laïques sont pour ainsi dire relégués : *Odi profanum vulgus et arceo*. N'est-ce pas assez que le clergé ait à lui seul le maîtr autel pour y pontifier, y célébrer des cérémonies pompeuses où l'imagination a plus de part que l'esprit ? A Burgos, nous aurons la même impression.

Reposons-nous, si vous le voulez bien, de tant d'objets qui sollicitent les regards et fatiguent l'attention, en nous promenant un instant dans le cloître, encadré d'arceaux élégants, qui s'étend du côté nord de l'église. Il renferme dans ses galeries supérieures la bibliothèque du Chapitre, riche surtout en manuscrits inestimables du VIIIe au XVe siècle. Cette retraite sera d'ailleurs une transition naturelle du silence du sanctuaire aux bruits et à l'agitation de la rue. Et, à l'inverse, les fidèles, en le traversant pour pénétrer dans l'église, s'y préparent au recueillement qui les sollicite. C'étaient de grands et profonds moralistes que les architectes illustres qui, parfois à défaut de leurs noms, revivent dans leurs œuvres impérissables. Que serait-ce si aujourd'hui encore, quelque créateur de génie savait accorder le sens religieux, chrétien, dans toute sa largeur et son ampleur, avec ces admirables dispositions d'un art qui semble n'être plus qu'un souvenir ! « Ceci tuera cela », a dit Victor Hugo, en parlant de l'imprimerie et de l'architecture gothique.

Cependant, tant qu'il y aura parmi les chrétiens un sentiment, un besoin d'adoration commune; tant qu'il s'y trouvera des natures esthétiques qui goûteront la musique des Palestrina, Lotti, Marcello, Goudimel, Bach, Hændel et Haydn, la grande architecture sacrée, la gothique en particulier, si noblement représentée dans le nord de la France qui l'a vue naître, aura aussi ses admirateurs sincères.

« On compte encore à Tolède deux paroisses mozarabes, *Santas Justa y Rufina* et *San Marcos*; et, parmi les paroisses latines, *Santiago*, qui a l'aspect d'une mosquée arabe, et *San Martin*, qui occupe l'église du célèbre couvent de *San Juan de los Reyes*. Cette église fut érigée en 1477. Le chevet en est la partie la plus remarquable. Il est terminé en terrasse, couronné par une riche galerie à jour, et, du milieu de la terrasse, s'élève une tour hexagonale. L'église forme une nef unique, partagée en quatre voûtes, dont les arcs se croisent sous de riches fleurons. Les piliers du transept sont couverts de guirlandes et d'arabesques; deux tribunes, à balcons de pierre fouillés à jour, sont comme suspendues à droite et à gauche, et soutenues par de riches encorbellements. Les deux murs des extrémités du transept sont ornés d'une profusion inouïe de sculptures en relief, avec d'énormes écussons aux armes de Castille et d'Aragon et aux emblèmes royaux. Le cloître de cette église est un véritable chef-d'œuvre. L'une des galeries est en ruine ; les trois autres côtés, avec leurs arcs ornés de fleurs, d'oiseaux, d'animaux divers, de grotesques, leurs fragiles colonnettes, leurs piliers cachés chacun par une statue de saint, présentent un des plus riches spécimens de l'art gothique dans toute sa pureté (1). »

Et maintenant, parlerons-nous encore des synanogues et mosquées abandonnées? Signalons *Nuestra Señora del Transito* et *Santa Maria la Blanca*, deux remarquables monuments de l'époque où le judaïsme avait une haute position à Tolède. Affectés plus tard au culte catholique, ils ont été plus ou moins défigurés par des ornements et des plâtras de mauvais goût. On s'est ravisé. On a compris enfin qu'il y avait là un souvenir, un art à respecter. C'est ainsi que nous avons vu avec plaisir des ouvriers soigneux occupés à raviver les riches dentelles de stuc

(1) Nous citons ici, et volontiers, le *Guide diamant* pour lui rendre justice.

colorié et doré, appliquées aux murs du premier de ces temples qui vous donne une idée de l'Orient. Quant au second, on y voit l'influence du style byzantin dans ces lourds piliers enfouis qui supportent les nefs et surtout dans leurs chapiteaux qui sont tous différents les uns des autres. C'est très original.

On voit par le peu qui précède si Tolède mérite d'être visitée. Et pourtant nous n'avons fait guère qu'indiquer le principal. Ainsi nous n'avons rien dit de l'antique hôpital de Santa-Cruz, où les styles arabe et gothique se marient harmonieusement, occupé aujourd'hui par le Collège militaire où sont élevés avec soin six cents cadets de treize à dix-huit ans ; ni de l'Asile des aliénés, dit *Casa del Nuncio,* tenu avec un ordre et une humanité admirables ; ni de bien d'autres institutions, ni des promenades, ni des ruines lointaines. Nous n'avons énuméré que ce que l'on peut voir dans l'espace d'un après-midi bien employé. Hélas ! nous n'avions eu guère que quatre heures pour contempler toutes ces merveilles. C'est trop peu, d'accord : aussi les quittions-nous en disant au revoir ! Nous étions las, mais satisfaits pourtant, d'emporter une vive image d'un panorama grandiose et de plusieurs civilisations superposées et disparues. Nous étions, partant à cinq heures, à la table d'hôte de notre hôtel, à Madrid.

Le lendemain, je prends le chemin de fer de Valladolid, et pour m'y arrêter, bien que plus d'un Madrilène dédaigneux m'en dissuadât sous prétexte « qu'il n'y a plus rien à voir dans cette antique résidence. »

Je me disais, moi, et non sans raison, que la capitale de la Vieille-Castille, située à 242 kilomètres nord-est de Madrid, en un climat tempéré et sain, sous un ciel magnifique, dans une plaine fertile, au confluent de l'Esgueva et du Pisuerga; je me disais que cette ville riche de tant de souvenirs historiques et de tant d'institutions encore florissantes; où fut, en 1469, célébré le mariage de Ferdinand et d'Isabelle, par lequel furent réunies les couronnes d'Aragon et de Castille, où les rois d'Espagne séjournèrent si souvent; où Christophe Colomb mourut (1506), qu'aimait Charles V, où Philippe II naquit (1527), où, après l'insurrection de 1808, Napoléon tint son quartier général en janvier 1809, je me disais, moi, que Valladolid enfin ne pouvait manquer de charme, d'intérêt, de grandeur même dans sa profonde déchéance. Je ne me trompais pas. La ville ne compte plus guère que 50,000 habitants; le Capitaine général de la Vieille-Castille y réside sans faste aucun; les ruines n'y manquent pas, et l'édilité n'y brille pas par l'ordre et l'élégance des rues; mais elle a de la couleur et du caractère; et ses monuments, sa cathédrale, ses couvents, ses palais, son musée, ses places et ses promenades ravissantes méritent qu'on les visite. J'avais d'ailleurs, pour le faire plus agréablement, la société d'un ancien magistrat de Rouen, de sa femme et de sa fille toute à la joie d'un premier succès académique, sachant tous trois fort bien voyager.

Je me bornerai à quelques indications sommaires, persuadé que d'autres que nous aimeront aller à la découverte : ils en seront récompensés, car tout intéresse dans une ville aussi curieuse que Valladolid. D'ailleurs

Qui ne sut se borner ne sut jamais écrire.

La cathédrale présente une façade de deux corps d'ordre dorique. L'intérieur en est simple et grand. Les stalles, et surtout celles qui appartiennent au couvent de *San-Pablo* sont remarquables. On y voit, sur le maître-autel, quelques bons tableaux des écoles italienne et espagnole. Le trésor possède une magnifique *custodia* (tabernacle) d'argent massif pesant 63 kilogrammes 126 grammes, représentant Adam et Ève dans le paradis. On la promène partout à la procession de la Fête-Dieu. D'autres églises anciennes méritent l'attention : dans la *calle Plateria*, celle de la *Cruz*, avec ses beaux groupes sculptés par le célèbre Gregorio Hernandez; ailleurs l'*Antigua*, gothique, qui justifie son nom, car elle est du XIe siècle; *San-Miguel*, avec son retable habilement sculpté; *San-Martin* et son image vénérée de la Vierge (*Ntra Sra de la Peña de Francia*), que l'on croit être du XIIIe siècle, etc.

Je signalerai encore deux couvents gothiques des Dominicains : *San-Pablo*, avec sa riche façade couronnée des armes du cardinal de Lerma, ministre du roi Philippe III, et, vingt ans durant (1598-1618), le vrai souverain de l'Espagne et le restaurateur de la monarchie et du pays si fortement ébranlés par les folies de Philippe II; et *San-Gregorio* dont la façade est plus riche encore que la précédente et qui sert aujourd'hui de résidence au gouverneur civil. Puis, la *Cancilleria*, sur la place du même nom, l'ancien palais de l'Inquisition, devenu aujourd'hui l'*Audiencia* ou Cour d'appel, ce qui apparemment vaut mieux; la *Plazuela de Santa-Maria*, l'Université, célèbre encore maintenant, surtout pour son école de droit, et dont le *patio* intérieur, promenoir à arceaux des plus élégants, est fort agréable pour les étudiants. N'oublions pas le Musée, riche de peintures et d'antiquités de toutes sortes, le troisième de l'Espagne, après ceux de Madrid et de Séville. On y trouve entre autres de très beaux Rubens, enlevés en 1808, par les Français, et rendus plus tard à leurs lègitimes possesseurs; et quelques toiles de *Bartholomé Cardenas*, peintre portugais peu répandu en Espagne. Près du couvent *San-Pablo*, visitons avec intérêt le *Palacio real*, avec son *patio* entouré de bustes en demi-relief des empereurs romains; près de la vaste *Plaza Campo-Grande*, entourée de couvents, d'hôpitaux et de palais où les ruines abondent, la *Casa de la Misericordia* ou maison des Orphelins; enfin, nombre d'anciens palais, tels que celui de *Fabionelli*, le Mécène de Valladolid, la *Casa Villasante*, la *Casa Revilla*, et la *Casa de la Diputacion provincial*, l'ancien palais des Amiraux. La construction en est homogène et rappelle, par de larges et élégants *patios* (cours et jardins intérieurs à arcades), tels que nous les retrouverons à chaque pas à Séville, le caractère de l'art, de la civilisation arabe.

Surtout, ami lecteur qui voulez bien nous suivre dans nos pérégrinations, ne négligez pas de vous promener, de vous reposer et de méditer à l'ombre de frais ombrages, en face de paysages charmants, à *Las Moreras* et à l'*Espolon*, sur la rive gauche du *Pisuerga*; et au *Prado de la Magdalena*, sur la rive de l'*Esgueva*. Nous y avons, en partie carrée, passé des moments délicieux. Tout cela est si franchement nature, si varié, si pittoresque et si inculte, aux portes mêmes d'une grande ville, d'une antique et opulente capitale, qu'on s'y plaît infiniment, qu'on y rêve, en se délassant, en se berçant l'esprit des divines harmonies de la création. Pythagore avait raison : l'univers est une grande musique. Heureux qui la comprend ! Les discordances humaines ne sauraient la troubler davantage que ne font les sons enharmoniques dans un beau concert. Heureux surtout que mère Nature, provide et souriante (et les orages la rassérènent), ne change pas au gré de nos caprices et de nos révolutions ! Heureux que, toujours féconde et compatissante, elle nous abreuve de son lait et nous verse ses dictames! Oui, heureux qui la sent et sait en jouir! Heureux, plus heureux encore s'il voit, par-dessus elle, un Père qui nous accueille, nous supporte et nous bénit!

Hélas! tandis que je faisais ces réflexions, au bord d'une rivière au flot aimable et paresseux comme l'Espagnol, à deux pas de là mourait, d'une façon tragique ou accidentelle (on l'ignore), un jeune écrivain plein d'avenir, dont la fin mystérieuse a plongé dans le deuil toute une famille des plus honorables de Bordeaux : M. Louis-Lande, qui a écrit sur l'Espagne. Dans son n° du 15 octobre 1880, la *Revue des Deux-Mondes* publiait un dernier article, posthume, où l'auteur, sur les pas d'un politique espagnol, insiste avec lui et plus que lui peut-être, sur les errements, sur les vices d'un système démocratique enté sur le vieux féodalisme de l'Espagne. Eh bien! quoi! verra-t-on dans ce singulier rapprochement, un démenti à ma profession de foi en la Providence? — Je ne prétends pas sonder celle-ci. Elle existe, elle se manifeste ; elle m'enserre, je la sens : il me suffit. Mais elle me dépasse; elle a ses mystères, tout comme la science elle-même, et la plus exacte. Un jour elle me révélera ses secrets. En attendant, oui, j'y crois en m'inclinant, et je ne vois aucune raison pour n'y pas croire.

Ces considérations n'auraient-elles d'autre effet que d'apaiser la douleur, récente encore, d'une famille éprouvée, on me les pardonnera, je l'espère.

Nous avons assez longuement parlé de la cathédrale de Tolède. Nous ne saurions passer sous silence sa rivale, celle de Burgos. L'Espagne compte trois basiliques gothiques de même importance dont elle est justement fière : celle de Tolède, celle de Burgos et celle de Séville. Nous partons un matin de Valladolid pour nous rendre, franchissant en quatre heures 120 kilomètres, à l'ancienne capitale de la Vieille-Castille, ville de 33,000 âmes environ, non sans avoir passé sur deux ponts assez remarquables, l'un sur l'Esgueva, l'autre sur le Pisuerga, et sans laisser sur notre route les ruines de nombre de couvents et de châteaux. On s'arrête pour déjeuner au tiers du chemin, à *Venta de Baños*, célèbre station balnéaire d'eaux minérales. Nous entrons à Burgos, pleins des nobles souvenirs qu'évoque cette très antique et noble cité, et passons, pour nous rendre à la *fonda del Norte*, où nous attendait un fort bon accueil, sous le fameux *Arco de Triunfo* ou Porte de Sainte-Marie, élevé en l'honneur de Charles V, et le long de la cathédrale qui nous saisit du premier regard. C'est là aussi que, une fois rafraîchis, nous dirigeons nos pas, sans perdre une minute; car la cathédrale c'est la grande attraction de Burgos. Elle ne le cède en rien à celle de Tolède. D'elle aussi l'on peut dire : c'est un monde de merveilles. Cependant, et pour parler de suite de son aspect extérieur, la façade nous paraît un peu dégarnie (elle l'a été en effet par des replâtreurs maladroits), et même un peu écrasée, étant d'ailleurs trop enserrée; et ses deux flèches pareilles, même avec leurs 84 mètres d'élévation et leurs dentelures à jour, me semblent — est-ce par une comparaison involontaire avec celle de Strasbourg, ou de plusieurs de nos belles cathédrales? — manquer encore de grâce et d'élan. C'est grand dommage; mais cette immense et superbe basilique est presque de tous côtés masquée par d'horribles baraques. Il faut, pour la dominer, — et c'est ce que nous nous empressons de faire, après avoir jeté un regard sur un beau christ de marbre blanc qui orne la fontaine du parvis — monter sur la gauche du grand portail, vers

San Gill, curiosité artistique de premier ordre et de la plus haute antiquité (y voir surtout la chapelle de *la Navidad*), ou mieux encore, pour jouir de son vaste ensemble si imposant, la contempler de loin, comme nous avons fait avec enthousiasme dans toutes nos excursions hors ville.

La cathédrale de Burgos est de pur style gothique, et du meilleur temps du XIIIe siècle. L'extérieur en a été, sur plus d'un point, appauvri, dégradé par le temps, et surtout, nous l'avons dit, par de prétendus restaurateurs incapables de comprendre « ces pauvres architectes barbares du moyen âge, » créateurs d'un style fort éloigné, il est vrai, du grec et du romain, et que l'on essayerait en vain ou plutôt à tort de soumettre aux règles classiques, quelque bonnes et belles qu'elles soient, d'une architecture purement rationnelle. Chaque style a son harmonie propre. Le gothique ne saurait se passer de la sienne ; la haute fantaisie lui convient : il la faut respecter et ne pas s'aviser de vouloir corriger une œuvre de génie, eût-elle même quelques défauts partiels. Et que de beaux monuments de tout genre gâtés un peu partout par ce ravaudage de mauvais goût ! Voyez Saint-Eustache à Paris, avec son portail jésuite inachevé.

Outre les deux grandes flèches percées à jour, vraie dentelle de pierre dont nous avons parlé, on admire encore, au point d'intersection du transept, une tour moins élevée et sculptée avec une richesse inconcevable ; partout, de haut en bas du vénérable et gigantesque monument de la foi naïve et robuste du moyen âge, une multitude d'aiguilles, d'ornements et surtout de statues. Ces dernières semblent lui donner la vie des temps passés. Je n'irai pourtant pas jusqu'à dire avec Gautier « que le nombre en dépasse, *à coup sûr,* le chiffre de la population en chair et en os qui occupe la ville. » Mais j'oserais, je crois, pour avoir pu parcourir l'église dans ses moindres détails, souscrire à ce qu'il ajoute : « un volume in-8° de descriptions, un atlas de deux mille planches, vingt salles remplies de plâtres moulés, ne donneraient pas encore une idée de cette prodigieuse efflorescence de l'art gothique, plus touffue et plus compliquée qu'une forêt vierge du Brésil. » Dès l'entrée, la porte de bois sculpté qui donne sur le cloître captive l'attention. Elle représente notamment l'entrée de Jésus-Christ à Jérusalem et est ornée avec une élégance et une délicatesse incomparables. On se trouve en présence de trois nefs imposantes, et celle du milieu, d'une hauteur immense, le serait bien plus encore, si le regard ne se heurtait, comme à Tolède, au *Coro* (église capitulaire), qui en occupe la majeure partie, mais qui n'en est pas moins une étonnante merveille. Là les stalles (*la Silleria*), d'un travail exquis, sollicitent longtemps notre attention. Qu'ils étaient habiles, ces Espagnols du moyen âge et de la renaissance, dans la sculpture sur bois ! Toutefois, ce qu'il y a de plus admirable encore, peut-être de plus unique, ce sont les grilles dorées, de fer forgé et repoussé qui ferment cette enceinte réservée au clergé, et surtout celle qui, regardant le maître autel, borde le large et libre intervalle du transept. On n'a pas d'idée de la magnificence de cette clôture où des artistes consommés se sont joués du fer sur une immense échelle. Nous nous tenions là, l'oreille attentive aux litanies, aux sons puissants de l'orgue colossal avec ses tuyaux énormes perpendiculairement et horizontalement placés, ces derniers braqués comme des canons, le regard fasciné par tout ce qui nous entourait et surtout par le dôme majestueux, de 60 mètres de haut, formé par la tour du transept et ouvragé avec un luxe inouï, sous lequel nous nous trouvions. A ce moment, nous avons les uns et les autres éprouvé un saisissement indéfinissable. Muets, nous regardions, nous écoutions. Machinalement nous touchions les barreaux historiés de cette grille fastueuse, comme pour nous assurer que nous n'étions pas dupes d'une illusion. Nos yeux erraient à gauche, à droite, en haut, en bas, en avant, en arrière; partout des merveilles, et l'escalier si élégant de l'extrémité nord du transept, le maître autel, les chapelles qui l'entourent, le *coro*, pour en revenir toujours à ce dôme prodigieux. « C'est, dit Gautier, un gouffre de sculptures, d'arabesques, de statues, de colonnettes, de nervures, de lancettes, de pendentifs à vous donner le vertige. On regarderait deux ans qu'on n'aurait pas tout vu. C'est touffu comme un chêne, fenestré comme une truelle à poisson; c'est gigantesque comme une pyramide et délicat comme une boucle d'oreille, et l'on ne peut comprendre qu'un semblable filigrane puisse se soutenir dans l'air depuis des siècles ! » Rassurez-vous : ce filigrane n'a pas du tout l'air de vouloir tomber.

Voulez-vous faire le tour des chapelles? Elles sont nombreuses et méritent toutes un examen attentif. Signalons les plus importantes : Et d'abord, la plus grande, la plus célèbre de toutes, dite du Connétable (*Capilla del Condestable*). C'est une véritable église ajoutée à la cathédrale avec laquelle elle communique, et qui de loin s'en détache comme une admirable guipure jetée au front de l'immense basilique. Elle fut construite au XVe siècle dans le style ogival fleuri, sur les ordres du Connétable de Castille, don Pedro Fernandez Velasco, mort en 1490, dont le tombeau magnifique et celui de sa femme, morte en 1500, sont placés au beau milieu de l'enceinte. Les statues des deux époux, en marbre de Carrare, sont d'un travail exquis. Elles sont couchées sur deux énormes pierres de marbre de Burgos ressemblant à du porphyre. Les têtes reposent sur des coussins de marbre ornés de leurs couronnes et de leurs armoiries. La riche armure du connétable et la robe de brocart de sa femme sont merveilleusement ciselées. On les a reproduites cent fois à la gravure et au moulage. Autrefois les gardiens se faisaient quelque argent en vous en offrant l'empreinte sur papier mou imbibé; mais crainte d'oblitérer ces chefs-d'œuvre, défense leur en est faite aujourd'hui. Un bloc énorme de porphyre d'un seul morceau, qui n'avait pas encore exactement les dimensions voulues pour la pierre tumulaire, est placé à côté de ces monuments, comme pour défier l'imagination. Je crois bien qu'il mesure 6 mètres de long sur 4 de large. Des blasons gigantesques décorent les murs de la chapelle et des statues de pierre portent des hampes où flottent des étendards. Le retable sculpté et peint représente la circoncision de Notre-Seigneur ; les autres sculptures qui font dérouler sous nos yeux émerveillés, l'agonie, le crucifiment, la résurrection et l'ascension, sont attribuées à Jean de Bourgogne, un Espagnol malgré son nom. La sacristie de la chapelle renferme nombre d'objets du plus grand prix, notamment une Magdeleine attribuée à Léonard, le diptyque en ivoire que le connétable emportait avec lui dans ses campagnes, un christ de jais des plus curieux, et la célèbre statue de saint Bruno, en bois colorié, du statuaire portugais Pereida, œuvre d'un réalisme mystique étonnant. On est sous l'empire de l'illusion. Espagnols et Portugais ont excellé dans ce genre. Les premiers surtout ont poussé le réalisme dans l'art jusqu'à ses dernières limites, au point de vous faire frissonner d'horreur et même de dégoût. Témoin le tableau de fra Diego de Leyva, moine chartreux, représentant le martyre de sainte Casilda, qui se trouve dans la cathédrale de Burgos. Le bourreau vient de lui amputer les deux seins qui gisent à terre, le sang jaillit des deux cercles de feu dessinés sur la poitrine de la malheureuse, qui semble partagée entre la fièvre du supplice et la contemplation béate d'un ange qui lui présente la palme du vainqueur. Ribéra, on le sait, s'est complu aussi dans cet essor d'imagination féroce, et vraiment il lui a fallu tout son génie pour se faire absoudre. Du reste, il y a, dans la cathédrale de Burgos, maints autres tableaux remarquables, qui vous reposent de ce spectacle d'horreur : Ainsi dans la *petite* sacristie (pas mal grande), un *Ecce Homo* et un *Christ en croix* de Murillo, une *Nativité* de Jordaëns, encadrée d'un bois sculpté à vous faire envie ; et dans la grande, sa voisine, un *Christ en croix* de Domenico Theotocopuli, dit *el Greco*, peintre, architecte et sculpteur, beau, saisissant, avec son brillant coloris et sa manière argentée qui rappelle Eugène Delacroix. Il eut, sur la fin de sa vie, la cervelle brouillée, et peignit alors en s'abandonnant aux extravagances d'une imagination en délire. Eh bien ! nous aimons encore mieux cette fougue emportée d'un génie tourné à la névrose que les fadeurs douceâtres de nos *imagiers* modernes. Ces *christs*, ces *mères de douleur* au cœur découvert, brûlant ou percé d'un triple poignard : voilà qui est fait pour corrompre le goût, sans ajouter rien à l'édification.

Les autres chapelles de la cathédrale sont toutes fort belles, l'une d'elles surtout dont nous parlerons tout à l'heure, qui renferme un retable sculpté hors ligne. Pour nous borner, pour ne pas fatiguer l'attention, mentionnons simplement et comme en courant : Dans la chapelle *del Cristo*, un *Christ* en bois et une *Descente de croix* de Ribéra ; dans la chapelle de *Santa Cena*, le tombeau de l'archevêque Luis de Acuna y Osoris, modèle parfait de ciselure gothique ; dans la chapelle de *Siantago*, les sépultures de plusieurs archevêques; dans la chapelle de *San Enrico*, qui est contiguë, un magnifique monument de marbre d'Italie avec la statue des prélats fondateurs; dans les chapelles de *San Juan de Sahagun* et de *la Visitacion*, de vieilles et curieuses peintures des écoles allemande et flamande ; dans la chapelle de *la Presentacion*, la Vierge avec l'enfant Jésus donnant la bénédiction; ce chef-d'œuvre de peinture, longtemps attribué à Michel-Ange, est probablement de Sébastien del Piombo ; enfin dans la chapelle du *duc d'Abrantès*, au-dessus du maître autel, le retable annoncé, la plus étonnante merveille de ce genre qu'on puisse rêver. Haut de plus de 10 mètres, partagé en plusieurs étages, il représente l'Arbre généalogique du Sauveur du monde : représentation assez commune au moyen âge, comme on sait, et que l'on retrouve souvent dans nos vieilles Bibles *illustrées*. Réaliser ce tableau fantastique, et jusque dans ses moindres détails, par le ciseau, cela tient du prodige. Le patriarche Abraham, couché, donne naissance à l'arbre dont chaque rameau porte un des ancêtres de Jésus-Christ. Sa cime se termine par un trône enveloppé de nuages où siège la Vierge mère. Les astres se jouent dans un feuillage opulent, merveilleusement fouillé. Au-dessus se déroulent tour à tour deux grands tableaux également sculptés : le crucifîment de Notre Seigneur et le couronnement de Marie. L'auteur de cette œuvre de sublime patience, c'est-à-dire de génie, est Rodrigo del Haya, qui vivait au XVe siècle.

Après ces chefs-d'œuvre du plus pur goût gothique, on s'arrête peu à la grande chapelle de Sainte-Thècle, qui n'est qu'un fantasmagorique entassement d'ornements de toutes sortes où les formes s'entrelacent, l'or scintille, les couleurs chatoient ans un tourbillonnement de volutes, de ceps de vigne, de nuages, de flammes, de rayons, de chérubins: un véritable dévergondage d'imagination d'une facture très soignée, où l'œil se perd. L'ancienne sacristie (chapelle de *Santa Catalina*) contient une série de portraits, un peu haut perchés, de tous les évêques et archevêques de Burgos, depuis saint Jacques le majeur jusqu'au dernier défunt. De là on passe dans la salle du Chapitre qui se distingue par sa nudité. Mais elle renferme une relique légendaire. Au haut du mur de gauche, en entrant, on remarque avec surprise un vieux coffre de chêne vermoulu, qui semble ne tenir plus que par enchantement, malgré les crampons de fer rouillés qui l'attachent à la paroi et qui ne contribuent pas peu à brûler le bois. La curiosité redouble en lisant l'inscription suivante: *Cofre del Cid.* A court d'argent, le célèbre campéador (Ruy Diaz de Bivar était son nom), aurait fait remettre, contre un emprunt de 600 marcs d'argent, ce coffre fermé, plein de sable et de cailloux, à quelque usurier israélite, en lui affirmant qu'il contenait sa plus riche vaisselle plate :

On a double plaisir à tromper le trompeur.

Les grands hommes de guerre se sont, de tout temps, permis bien des libertés ; mais, il faut l'avouer, cette invention est bien ingénieuse ou bien — canaille pour un Cid. Elle ne convient ni au traditionnel honneur ni à l'antique foi castillane ni à la sagacité bien connue des prêteurs sur gages d'entre les enfants d'Abraham. Après cela, allez-y voir : je ne garantis rien. Casimir Delavigne s'est bien servi, tout en l'ennoblissant, de ce conte à dormir debout dans son drame : *la Fille du Cid.* Non loin de là, sortant de la cathédrale pour se diriger vers le château, dans la *Calle Alta,* vous trouverez l'emplacement de la maison du Cid, *Solar del Cid*, sur lequel s'élève, depuis 1784, un monument commémoratif renfermant les restes du grand capitaine et de son intéressante compagne :

En vain contre le Cid un *profane* se ligue :
Tout *Burgos* pour Chimène a les yeux de Rodrigue.

Mais ne nous éloignons pas sans passer la porte du cloître, la plus ancienne, selon toute apparence, de la cathédrale, et curieuse surtout par un beau buste en pierre de saint François qu'on dit être d'une ressemblance frappante. Certes, il faudrait du temps pour décrire tout ce que cette poétique enceinte renferme d'intéressant. Elle est remplie de tombeaux, de personnages illustres, richement sculptés dans l'épaisseur des murs et fortement grillés. Sur chacune des tombes repose, en grandeur naturelle, le mort lui-même comme pétrifié, chevalier ou ecclésiastique, revêtu de son armure ou de ses habits sacerdotaux. L'artiste le plus habile ne saurait mieux rendre la vérité des poses et le fini des détails. C'est de la pierre vivante. Il y a, en outre, bien des groupes qui excitent l'admiration.

Et maintenant qu'on se dise que nous n'avons fait qu'énumérer, au courant de la plume, les trésors artistiques de tout genre que renferme l'immense basilique de Burgos. Nous l'avons visitée trois fois de suite en deux jours. L'œil, l'esprit fatigués, après les deux premières heures d'inspection, nous éprouvions le besoin de respirer le grand air (il faut reconnaître que l'odeur de l'encens est écœurante), de nous reposer en pleine nature; et, comme il nous restait encore deux bonnes heures d'un beau jour, nous louons une voiture commode et bien attelée qui nous conduit par une route fort pittoresque, à la célèbre Chartreuse (*Cartuja de Miraflores*), située à 4 kilomètres. Ce couvent fut fondé en 1141, pour servir de tombe royale. Il n'y reste plus qu'une poignée de vieux moines pour le garder.

Situé sur une belle colline, bâti avec goût, il se présente extérieurement sous un aspect simple et sévère, tandis qu'à l'intérieur il respire la fraîcheur, le calme, le recueillement qui conviennent à semblable retraite. On y admire les tombeaux de marbre blanc, tous d'un travail exquis. Autour d'une cour cloîtrée ravissante, règnent, au nombre de vingt-six, les cellules des chartreux composées de quatre petites pièces chacune, avec galerie et jardinet, sans communication entre elles, mais s'ouvrant sur un large couloir d'où les reclus pouvaient se rejoindre pour les devoirs du culte en commun. C'est du reste le plan général de toutes les chartreuses en France, en Italie, et ailleurs. La grande Chartreuse de Grenoble, que nous avons visitée en 1879, est un type accompli du genre, bien qu'elle présente, à la suite de ses accroissements et de ses restaurations, des solutions de continuité dans le style. Elle a pour elle d'ailleurs une situation enchanteresse ; elle est dans un encadrement de montagnes d'un pittoresque achevé. Tout le monde a entendu parler de la route qui y conduit depuis Saint-Laurent-du-Pont, et qui en descend sur la capitale du Dauphiné. On sait le régime sévère des chartreux; abstinence complète de viandes, jeûnes fréquents, prières prolongées; travaux des champs, industries manuelles et études. L'ordre peut se glorifier de bien des hommes distingués dans ces occupations diverses. La *Bibliotheca cartuciana* est un monument élevé à sa gloire, et je me rappelle à ce sujet (heureux si cette mention parvient à son adresse), que, conduit obligeamment dans les salles de la bibliothèque de notre grande Chartreuse, riche encore malgré tant d'emprunts forcés en faveur de Grenoble, par un père, ancien curé de Paris, celui-ci me parla de son projet de publier un livre à la mémoire des chartreux qui se sont illustrés dans le seul art de l'imprimerie et qu'il voulut bien, reconnaissant en moi un bibliophile, m'en promettre un exemplaire.

Mais revenons à Miraflores. Après avoir, comme Hamlet, contemplé tristement la fosse commune, devenue jardin, où dorment de leur dernier sommeil tant de moines ensevelis depuis six cents ans, pénétrons dans l'église où tout le luxe de l'art et du premier or importé du nouveau monde s'est concentré. Le tombeau de don Juan et de la reine Isabelle, sa femme, qui occupe le milieu de la nef, près du chœur, est une merveille extraordinaire d'invention et de patience.

Huit lions, deux à chaque angle, soutenant huit écussons royaux, servent de base au monument. Les statues couronnées du roi et de la reine sont couchées sur le couvercle. Tout autour, un nombre incalculable de figures : évangélistes, apôtres, allégories ; un inextricable et gracieux fouillis d'arabesques, de rameaux, de feuillages, d'oiseaux, d'animaux symboliques : c'est un miracle. Un peu plus loin, du côté de l'évangile, une autre tombe engagée dans le mur, avec le même luxe d'ornements, celle de l'infant Alonzo, représenté à genoux devant un prie-Dieu. Ces deux monuments, qui sont d'albâtre, immortaliseraient à eux seuls Gil Siloé, qui fit encore les riches sculptures du maître autel. A gauche et à droite de ce dernier, on aperçoit, dans le fond, deux figures de chartreux revêtus de leur froc blanc, qui, par leur attitude, semblent vous inviter au recueillement et veiller sur le sanctuaire. Cette idée est familière aux chartreuses de l'Italie. Nous l'avons vue exprimée à Pavie comme à Naples. Remarquons enfin les belles statues de Borruguète.

Nous sortons, pénétrés d'admiration, non sans jeter au loin un regard de regret dans la direction du couvent de *San Pedro de Cardeña*, qui faisait partie des domaines du Cid, et où se trouvent encore quelques sépultures remarquables de rois, de reines et de descendants du Cid. Du reste, ce n'est plus qu'une ruine. Nous rentrons donc à Burgos, admirant tout le long de la route poudreuse, et par un coucher de soleil superbe, la magnifique silhouette dentelée de la cathédrale se dessinant dans un ciel digne de l'Espagne. Le soir, nous faisons encore, au clair de lune, une promenade délicieuse à l'*Espolon* (éperon), près de l'Arlanzon, rivière charmante qui coule à l'entrée de la ville, quand on arrive de Madrid. Cette esplanade est fort bien plantée et ornée de fontaines et de statues. Les *Cubos*, que l'on trouve plus loin, en suivant le cours de l'Arlanzon, au pied des bastions de la ville, sont la promenade favorite de l'hiver. Celui-ci est rude et long à Burgos. Nous nous en apercevons le lendemain, le temps s'étant mis à la pluie et le vent ayant changé. J'aurais volontiers revêtu mes habits d'hiver... que je n'avais pas. Heureusement un châle écossais porté en plaid y suppléa, le mouvement aidant. Il nous importait d'ailleurs de bien voir la ville tout en réservant le plus de temps possible à la cathédrale. Nous remarquons tout d'abord l'empressement dés habitants à se munir de leurs doubles fenêtres. La plupart des maisons ont des *avances*, sortes de grandes lanternes en charpente légère et vitrée qui règnent de haut en bas sur le milieu de la façade. Cela fait à chaque étage autant de balcons couverts et abrités de tous côtés. J'en ai vu monter plusieurs.

La ville a en général un caractère archaïque très prononcé et profondément intéressant, surtout aux environs des places de la *Libertad* et de la *Constitucion*. Sur un des côtés de la première, on distingue la célèbre *Casa del Cordon*, antique palais richement orné de sculptures. Il doit son nom au grand cordon de l'ordre Teutonique qui décore, en manière de tympan, le dessus de la porte principale. La cour intérieure ou *patio* à double et triple rang de galeries, est d'un fort bel effet. La galerie des portraits de l'illustre famille Velasco offre de l'intérêt : mais ils font tous une drôle de tête à voir l'administration centrale du télégraphe électrique installée dans leurs murs. Voilà, ô civilisation, de tes coups ! La *Plaza Mayor* ou *Plaza de la Constitucion* est, comme presque toutes les grandes places des villes d'Espagne, bâtie en arcades supportées par d'élégantes colonnettes. Le commerce et l'industrie y ont leur centre principal. Ils paraissent d'ailleurs prospérer assez bien dans l'ancienne capitale de la vieille-Castille, et en particulier pour ce qui concerne les pelleteries et les étoffes de laine ou de coton chamarrées de couleurs voyantes qui servent de manteaux et de sacs aux campagnards. Les arts y ont fleuri longtemps. Aujourd'hui Burgos vit de souvenirs et il est rare, je crois, d'y rencontrer des curiosités d'un goût élevé. Cependant au moment de notre départ, entrant en flâneur chez un modeste orfèvre près de l'hôtel, j'y avise un petit reliquaire gothique d'argent finement ciselé en forme de cœur portant un crucifix, plus un petit christ byzantin de cuivre doré et émaillé fort intéressant dont je demande le prix. — Le marchand pèse le reliquaire. « Il y a, me dit-il, 8 francs d'argent; je vous le laisse pour 10 et la croix pour 5. » On pense si j'hésitai longtemps à en faire l'acquisition; toutefois, non sans remords : il me semblait que ces bijoux estimables avaient leur place dans la belle collection organisée depuis peu à l'intérieur du superbe et monumental arc de triomphe dont nous avons parlé et qui est de tout point digne de son héros Charles V. Il contient deux belles salles où l'on accède par un escalier tournant pratiqué dans le massif d'un des côtés. Ceux qui voudront visiter ce musée, un vrai Cluny en petit, ne perdront pas leur temps. J'y ai distingué deux tombeaux de marbre blanc du plus beau travail.

Pour bien employer notre dernier après-midi, le soleil étant d'ailleurs de la partie, nous nous acheminons vers le célèbre couvent de *L'as Huelgas*, à 1 kilomètre 1/2 ouest de la ville. Construit vers la fin du XIIe siècle par le roi Alphonse VIII, sur l'emplacement d'un palais surnommé *Huelgas del Rey* (les Délices du roi), il présente une heureuse alliance de styles byzantin et arabe qui en font une haute curiosité archéologique. Malheureusement on n'en peut voir que l'église qui est très belle, et encore ne peut-on pénétrer que dans le chœur très remarquable par son retable de pierre, sculpté et doré à fond avec le premier métal précieux du Pérou — qui a coûté tant de sang et n'a, en somme, guère enrichi les Espagnols. Propriété du domaine royal et royalement doté, le couvent est destiné à recevoir ceux des plus nobles dames de l'Espagne qui prennent le voile. La nef fermée par une grille superbe, leur est réservée. A peine peut-on, à travers les barreaux, les apercevoir agenouillées, et découvrir au milieu de l'église, le mausolée du fondateur; sur les côtés, les tombes d'une vingtaine de personnes royales, et enfin les stalles qui sont d'un beau travail. Bien moins encore est-on admis dans le cloître, où seuls les membres de la famille royale et les dames ont accès. C'est grand dommage, car l'église renferme des chapelles admirables et *las Caustrillas* (le cloître) sont décorées avec un goût exquis.

Nous terminons notre journée, bien remplie d'ailleurs, par une promenade à l'*Isla*, plantée avec goût, la promenade favorite du printemps.

Le lendemain matin nous bouclons nos malles. J'étais aise de pouvoir, cette fois, parcourir de jour, avec mes aimables compagnons de voyage, la belle et intéressante route qui nous séparait de la frontière, c'est-à-dire 270 kilomètres. Burgos est déjà assez élevé; mais nous allons monter presque toujours. Il nous faudra, peu après avoir quitté la ville, franchir par quatre tunnels successifs, de 1,100, 500, 400 et 700 mètres de long, la *Brujula* dans la *Sierra d'Oca*, contrée sauvage, abrupte, pour arriver, 40 kilomètres plus loin, à la jolie petite ville de *Brivesca*, où l'on peut visiter l'église, la chapelle du couvent des *Monges de Santa Clara*, et de là, à Oña (23 kilomètres nord) le célèbre couvent de *San-Salvador*, tout près de l'Èbre, d'une belle architecture gothique. Couvents, monastères, on en trouve partout dans cette vieille Espagne assez longtemps endormie dans les charmes de la moinerie ! Qu'elle se réveille, la Belle au Bois dormant ! Que n'a-t-elle pas à faire pour réparer le temps perdu, pour renaître à la vie active, au labeur, à la prospérité ! Dieu merci, elle a commencé. Les voies ferrées, qu'elle doit multiplier et compléter, lui ouvrent déjà la carrière. Puisse-t-elle s'y engager, y dépenser l'ardeur, l'enthousiasme, la générosité qu'elle a trop souvent prodiguées en pure perte ou dans des luttes fratricides ! Puisse-t-elle exploiter ses trésors inestimables du sol et du sous-sol !

Nous apercevons, aussi loin que peut porter la vue, de grandes cultures limitées par des collines dénudées. Nous arrivons, deux heures après avoir quitté Burgos, à *Pancorbo*, ville de 2,000 âmes, ou la voie ferrée, la route, les maisons, le torrent occupent, entre deux murailles de rochers, un espace fort resserré. Puis on passe sur deux viaducs en pierre, le premier, formé de trois arches, appuyé sur le roc en guise de culée, sous lequel, à 37 mètres de profondeur, circulent la route de Castille et une petite rivière, l'*Oroncillo*, et dominé par un immense rocher à pic, déchiqueté en aiguille; le second, de six arches, ayant chacune 50 mètres d'ouverture et 33 mètres de hauteur. Nous voilà loin du temps où Th. Gautier parcourait ces contrées à petites journées, « de *posada* en *posada* ayant pour vestibule une étable. » Mais il a bien caractérisé la physionomie locale qui ne change pas : « Jamais, dit-il, parlant de Pancorbo, décorateurs de théâtre n'ont imaginé une toile plus pittoresque et mieux entendue. Quand on est accoutumé aux *plates* perspectives des plaines (excusez la tautologie !), les effets surprenants que l'on rencontre dans les montagnes vous paraissent impossibles et fabuleux. » On arrive à un immense remblai qui resserre les gorges si profondes de Pancorbo; on aperçoit à gauche les ruines du monastère de *Bugedo*, de l'ordre des Prémontrés, et à droite au plus loin de l'horizon, les montagnes de Santander. Enfin on fait halte à *Miranda*, ville de 3,000 habitants où il y a un bon buffet et un triple embranchement. On passe *Nanzanos* avec sa grande et belle minoterie, *Nauclarès de la Oca*, après avoir suivi la délicieuse vallée de *Zadorra*, et l'on s'arrête à *Victoria*, (12,000 âmes), capitale de la province d'Alava, pittoresquement située, à 140 kilomètres de la frontière, sur une éminence, où il y aurait pour des voyageurs moins pressés que nous de charmantes promenades à faire et toute une vieille ville à étudier. Nous entrons dans le curieux et montagneux petit pays des Basques, population vigoureuse et intelligente, nous touchons bientôt aux premiers gradins des Pyrénées qui s'inclinent vers la mer. Nous arrivons à l'élégant Saint-Sébastien, station balnéaire des plus importantes (elle le dispute à Biarritz, sa belle voisine), délicieusement située au fond du golfe de Biscaye, dans la mer Cantabrique, à l'embouchure d'une petite rivière charmante, ville qui, depuis quelques années, après un essor extraordinaire, compte déjà 15,000 âmes, et près du double dans l'été où des foules de Français, de Russes et surtout d'Espagnols s'y rencontrent sur une plage magnifique de sable fin. Nous apercevons, dominant la ville, le mont *Orgullo*, haut de 116 mètres, couronné d'une forteresse, d'où l'on embrasse un vaste horizon, promenade favorite et facile des baigneurs, et témoin autrefois de tant de sanglants engagements. A mi-côte, on voit parmi les rochers, les tombeaux des officiers anglais qui, en 1836, tombèrent en défendant la ville contre les Carlistes.

Nous n'avons plus que 17 kilomètres pour arriver à la frontière, à la jolie petite ville d'Irun, tête de pont de la Bidassoa, que nous traversons pour aller nous reposer après un parcours de 270 kilomètres depuis Burgos, à la première petite ville française, Hendaye, propre et coquette, où nous retrouvons les Basques, fidèles, quoique bien francisés, à leurs traditions, à leurs costumes, à leurs jeux nationaux, et parlant même encore entre eux cette langue ibérico-sémitique, qui s'est conservée inaltérée dans ces plis de montagnes longtemps inexplorés et que l'on a si bien surnommée, à cause des bizarreries et des contrastes qu'elle présente, *la crux philologorum*. Humboldt la déclarait la plus remarquable qu'il connût.

Quel plaisir on éprouve, même après un seul mois d'absence en une terre étrangère des plus intéressantes, à fouler le sol de la patrie aimée ! Quel bonheur de revoir ses compatriotes, de parler avec eux à cœur joie la langue de ses pères ! Quelque polyglotte que l'on soit, en effet, on n'a jamais qu'une langue *maternelle* comme on n'a qu'une mère, et cette langue mérite le nom qu'on lui donne, car c'est elle qui a porté, formé et élevé votre esprit. Or, quand cette langue est la française, la mère de tant de chefs-d'œuvre admirés du monde entier, l'instrument par excellence de la conversation, il y a double plaisir sans doute à en reprendre l'usage. Je ne crois pas que le poisson que l'on remettrait à l'eau après l'en avoir tiré, éprouvât un bien-être plus grand que celui que je ressentais à épancher librement les pensées, les souvenirs, les impressions dont mon âme était remplie. D'ailleurs je tombai bien à Hendaye, arrivant seul cette fois et à l'aventure, à l'hôtel de *France*, où je reçus un accueil qui n'avait rien de mercenaire. Il faisait un temps affreux, il tombait des hallebardes : le maître d'hôtel et sa femme, M. et Mme Legarralde, rivalisèrent d'empressement à me recevoir. Leurs trois jeunes filles, que, si j'étais D. Sterne, j'appellerais les trois Grâces, s'emparèrent, qui de ma couverture de voyage, qui de mon sac, qui de mon carton à chapeaux, tandis que le garçon montait ma malle et me conduisait à une chambre bien exposée, resplendissante du propreté, avec un lit à faire envie. Le dîner, bien servit par deux de ces jeunes filles, me par excellent. On passa au salon pour y faire un peu de musique, et l'on finit la soirée à jouer en famille un loto qui me rajeunit de bon nombre d'années en me rappelant mes enfants. Il ne m'en fallut pas davantage pour me décider à passer à Hendaye toute la journée du lendemain, d'autant mieux que c'était un dimanche, jour favorable pour bien voir la population. Il m'importait d'ailleurs de visiter, à l'embouchure de la Bidassoa, la belle plage que les baigneurs venaient de déserter; et surtout la très curieuse, très pittoresque et antique ville espagnole de Fontarabie, perchée sur un mamelon qui s'avance en promontoire vers la mer, et où l'on se rend, en barque, à la marée montante. C'est l'affaire d'un quart d'heure.

Ma promenade solitaire, lente, songeuse aux bords de la mer,

Et que faire à Hendaye à moins que l'on ne songe ?

occupe ma matinée du 17 octobre; ma visite à Fontarabie, l'après-midi du même jour. Belle plage, en vérité, qui n'a qu'un tort, pour les baigneurs, celui d'être à une demi-heure de la ville; et surtout ravissant paysage! Un amphithéâtre élevé de belles collines verdoyantes, semé de villes et de villages français et espagnols : à gauche, Hendaye, Irun, non moins gracieux que sa voisine française, devenu si prospère, grâce à ses bains ferrugineux et au chemin de fer; et, à droite, ce nid d'aigles qui s'appelle Fontarabie! Et quel intéressant contraste entre cette cité moyen âge et ses deux voisines : celles-ci grandissant, rayonnantes de jeunesse et de fraîcheur; celle-là déchue de son ancienne splendeur, bombardée cent fois par les guerres civiles ou internationales, vêtue de noir comme une veuve désolée, mais ayant aussi tout l'attrait d'une ruine poétique et imposante! Fontarabie ne compte plus guère que 3,000 habitants, presque tous voués à la pêche; mais elle est pleine de souvenirs qui parlent à l'imagination. Chaque pas y est une surprise : ses fortifications et ses portes, son château du xe siècle, des plus remarquables; sa belle église, gothique à l'intérieur, renaissance à l'extérieur; ses palais dégradés, construits de magnifiques pierres de taille, timbrés d'écussons gigantesques, ses ruines arabes et ses maisons noircies par le temps aux balcons de fer ouvragé, aux fenêtres grillées; ses boutiques sombres et enfumées; ses rez-de-chaussée sur sol à nu; ses ruelles accidentées, bordées de balcons de bois qui semblent tenir par l'habitude qu'ils en ont prise; partout une population plus ou moins déguenillée; des enfants en nombre, sales et charmants comme des pouilleux de Murillo, courant après vous, en *grouillamini*, pour vous demander l'aumône : tout cela est bien franchement espagnol du bon vieux temps. J'avais déjà distribué ma monnaie, que ces mioches me poursuivaient encore, affectant les airs les plus piteux. Pour les distraire, j'achète un sac de marrons et m'amuse à les leur distribuer. Ils se mettent tous à rire de mon invention et me remercient comme si je leur donnais tout l'or du Pérou. Eh bien! me dis-je, voilà une race qui a encore du bon, puisqu'elle est susceptible de gratitude et d'urbanité! Ils me suivent ainsi jusqu'à la méchante placette que l'on rencontre vers le milieu de la Grand'Rue, à gauche en montant. Là je m'arrête devant un de ces rez-de-chaussée sombre n'ayant de jour que par la porte, où, sur un sol inégal, souillé, toute une famille, aïeule ridée comme une pomme des temps passés, mère et cinq enfants de quatre à douze ans, étaient accroupis autour d'une terrine renfermant les restes d'un poisson moitié cuit baigné dans du vinaigre. Chacun y puisait à qui mieux mieux avec la pince d'Adam. Dès qu'on m'aperçoit, concert de supplications. Je pars d'un éclat de rire et dis : « Bah ! qui mange si bien n'a pas besoin d'aumône ! Le poisson ne vous manque pas et le vôtre a l'air frais. — A votre service : ne voulez-vous pas en goûter? — Ah ! *gratias*. — Et là-dessus j'entame un entretien qui les met en gaieté, et j'ai lieu de penser que mon mauvais espagnol pouvait bien y être pour quelque chose. Tableau. Du reste pas de population plus accessible, plus familière que celle-ci, accoutumée, toute l'année et surtout l'été, aux visites fréquentes des étrangers. Pas de cadre plus enchanteur pour un artiste amoureux du pittoresque. Fortuny, on le sait, s'y plaisait avec délices, et je le comprends sans peine : tout est à peindre. Vous connaissez *le Pouilleux* de Murillo. Vous en rencontrez cent ici. Je crois d'ailleurs que le saint jour est, après l'office, *consacré* au nettoyage pour la semaine. Ce que j'ai vu dans les ruelles pauvres, aux fenêtres ouvertes, de mères tendres *dépouillant* leur progéniture est fabuleux. Il y a aussi dans la Grand'Rue, qui ne manquent pas de majesté, quelques magasins intéressants par la couleur locale; vous y trouvez des éventails, des castagnettes et des jarretières de soie avec devises qui

6***

n'ont rien de mélancolique. J'allais, je venais, je ne pouvais me lasser de regarder. Fontarabie a été pour moi le couronnement inattendu et comme un raccourci de mon premier voyage en Espagne. Qui ne l'a pas vue a manqué un spectacle des plus caractéristiques. N'oubliez pas de monter à la terrasse du vieux château-fort qui domine la ville de ses masses imposantes, et d'aller visiter, au bord de la mer, les cabanes des pêcheurs.

Quelques mois après, je reprenais la même route et dans des circonstances semblables, pour me rendre de Paris au Congrès si intéressant d'Alger en faveur de l'*Avancement des sciences*. Cette fois je me réservais de voir attentivement l'Andalousie, ce beau pays des rêves poétiques, et quelques points encore dont nous allons nous entretenir.

Qui dit Andalousie, dit avant tout Séville, Grenade et Cordoue. Ce sera l'objet du chapitre suivant.

CHAPITRE CINQUIÈME

L'ANDALOUSIE, SÉVILLE, CORDOUE, GRENADE

Le Congrès des sciences d'Alger devant durer du 15 au 20 avril 1881, je fus assez heureux pour pouvoir m'arranger de manière à partir à temps pour, je ne dis pas compléter (on ne voit guère tout un grand pays en si peu de temps), mais du moins poursuivre mon voyage d'exploration en Espagne. Je me décidai donc à m'embarquer à Carthagène pour Oran, et ne m'arrêtai guère à Madrid que pour faire un pieux pèlerinage au Musée, ayant à cœur de donner tout le temps dont je pouvais disposer à l'examen d'une contrée qui fait la transition naturelle de l'Europe à l'Afrique et de la civilisation chrétienne à la civilisation arabe ou mahométane. Mon aimable et savant ami le Marquis de Villuanova, professeur-archéologue si distingué de Madrid, que je retrouvai à Alger, me fit, il est vrai, d'obligeants reproches de n'avoir pas mieux profité de l'invitation qu'il m'avait faite à Lisbonne. Mais on ne peut pas tout faire ; Séville, Grenade, Cordoue, ces trois noms me fascinaient.

Pour se rendre en Andalousie, on prend, à six heures du soir. le train le *Rapide*, qui est le prolongement de celui de Paris-Madrid, et qui en quinze heures franchit les 573 kilomètres qui séparent Madrid de Séville, ce qui n'est pas trop mal pour l'Espagne. On suit d'abord la route de Tolède jusqu'à *Castillejo*, où il y a bifurcation, pour se diriger droit vers le sud. On arrive, vers neuf heures du soir, à *Alcazar de San-Juan*, où se séparent les lignes de Carthagène et de Cordoue-Séville. Celle-ci traverse d'abord de vastes landes semées de grosses pierres calcaires qui rendent la culture difficile. Elle passe non loin de *Argamasilla de Alba* dans la *Mancha*, patrie et théâtre des exploits du fameux Don Quichotte. C'est dans ce bourg de 1,600 âmes, à peine accessible aujourd'hui, que Cervantes, détenu, écrivit les premiers chapitres de son roman immortel. C'est près de là aussi que le Guadiana disparaît dans les roseaux, s'enfouit, pour sortir de terre 20 kilomètres plus loin, à gros bouillons, et se diriger, en passant par Badajoz, vers le Portugal qu'il traverse. Enfin, à peu de distance, le village du Toboso, qui doit toute sa célébrité à Dulcinée, la dame des pensées du Chevalier de la Triste figure.

Puissance du génie ! Cette contrée sauvage, désolée, bien propre à surchauffer l'imagination d'un énergumène, réparateur des torts, la Manche, n'a de renom pour nous que grâce à une pure fiction qui, il est vrai, résume toute une période de l'histoire et de la littérature, et présente un type palpitant de l'esprit humain dévoyé par des rêves où se mêle un fonds de générosité touchante à la fois et comique. Don Quichotte répond ainsi à un double et contraire besoin de la nature de l'homme qui tour à tour rit et pleure. Hélas ! et que de fois les pleurs sont près du rire, sans compter qu'on peut rire jusqu'aux larmes ! Voilà ce qu'ont senti les grands artistes, les peintres inspirés et vivants du cœur humain : Shakespeare, Cervantes, Molière. Quand je lis les *Aventures du Chevalier de la Manche,* je me prends souvent, sous l'empire du comique le plus désopilant, à rire à gorge déployée, et bientôt je m'arrête et me dis : « N'est-ce pas vérité pure et désolante? Que de gens ont encore leur grain de don quichottisme! Et toi-même, tâte-toi le pouls : es-tu bien sûr d'être exempt de cette fièvre? En riras-tu toujours? Et de même quand je lis telle scène de *Hamlet* ou du *Misanthrope.* — *Connais-toi toi-même* : les grands penseurs font penser. »

Après cette courte digression toute de couleur locale, poursuivons notre route, jetant au loin, à droite, un regard sur cette longue ligne bleuâtre que dessine dans la direction de Ciudad-Real, la *Sierra Morena,* et arrivons, à 197 kilomètres de Madrid, à *Manzanarès,* où s'embranche la ligne du Portugal, que nous suivions, sept mois auparavant, à partir de Ciudad-Real, pour nous rendre à Lisbonne. Cette fois nous la laissons à notre droite, pour suivre la ligne du Midi qui passe bientôt à *Val de Penas,* ville de 12,000 âmes, célèbre par ses bons vins rouges provenant, dit-on, de plants bourguignons, objet, aujourd'hui surtout que, grâce au phylloxera, nous tirons tant de vins de l'Espagne en général, d'un commerce très considérable avec la France. Nous sommes sur le plateau de la *Sierra Morena* à une altitude moyenne de 700 mètres, et arrivons à Almuradiel, 256 kilomètres de Madrid, au point culminant de la ligne habilement tracée au milieu de jolies collines plantées de chênes nains et à travers des défilés qui ont eu autrefois une triste célébrité. Les travaux d'art, tunnels et viaducs, se succèdent nombreux et très rapprochés, fort remarquables, sur une pente qui s'incline à 1 et 1 1/2 pour cent vers les vastes plaines de *Las Navas de Tolosa*, où l'armée chrétienne mit en déroute, en 1212, les troupes musulmanes de Mohamed-al-Nassr. La végétation, pauvre et rabougrie sur les hauteurs pierreuses, devient de plus en plus belle et puissante, riche en blés, vignes et oliviers, grâce au Guadalquivir que l'on aperçoit bientôt dans la campagne qu'il fertilise. Nous le traversons à *Mengibar*, 336 kilomètres, sur un pont de tôle de 240 mètres de long sur 45 d'élévation au-dessus des basses eaux. Cette fois, nous sommes en présence d'une inondation extraordinaire et menaçante pour les récoltes, le fleuve étant à 11 mètres au-dessus de son niveau habituel ! La contrée offre l'aspect d'un lac immense, d'où émergent à peine quelques îlots verdoyants. A notre gauche, en approchant de Cordoue, vers quatre heures du matin, les coteaux d'alluvion bordant le fleuve, que suit la voie, sont incessamment dilués par les pluies torrentielles et nous encombrent de leur limon. De loin en loin des escouades d'ouvriers sont, en avant de la locomotive qui avance à pas comptés, occupés à déblayer la route ; et ce n'est pas, comme bien on pense, à l'avantage du *Rapide*. Il est bien près de huit heures, au lieu de six, quand, après avoir passé sur la rive droite du fleuve, nous arrivons à Cordoue, 442 kilomètres, où nous ne stoppons que juste le temps nécessaire pour prendre une tasse de café. Notre vue se promène sur de vastes étendues admirablement cultivées où se dessinent encore de loin en loin, malgré l'inondation, de grands parcs enclos destinés à l'élève des taureaux de combat. A l'ouest, la *Sierra Nevada* se profile majestueusement sur un ciel resplendissant. Ici et là quelques châteaux en ruine du temps de la féodalité. A *Lora del Rio*, 75 kilomètres de Cordoue, nous passons sur un beau pont de 256 mètres en huit travées ayant chacune 30 mètres de portée, qui nous reporte sur la rive gauche du Guadalquivir inondant plus que jamais la campagne. Enfin, à la dernière station, *La Rin-*

conada, qui n'est plus qu'à 12 kilomètres de Séville, nous laissons l'embranchement qui relie directement Cordoue à Cadix en faisant le tour de Séville ; et mon aimable compagnon de voyage, M. X..., officier supérieur, grand ami de la France, avec laquelle il a combattu autrefois en Algérie, me fait remarquer au loin, au delà du fleuve, l'emplacement aujourd'hui couvert d'oliviers, de l'antique et célèbre *Italica*, patrie de Trajan, d'Adrien et de Théodose. Nous entrons dans la radieuse capitale de l'Andalousie, l'œil fixé sur la fameuse *Giralda*, vers onze heures, en retard de deux heures seulement, en passant près de la porte de *Triana* (Trajan), la seule qui subsiste des anciens temps, beau monument d'ordre dorique à colonnes accouplées. C'était l'entrée principale de la ville, celle où l'on recevait les rois. Aujourd'hui elle signale un faubourg qui porte son nom et sert de refuge aux gitanos et aux nombreux ouvriers en faïence. Je me fais porter, place de la Madeleine, à la *Fonda di Madrid*, spécimen accompli de ces charmantes habitations arabes dont Séville est remplie et qui donnent à la ville un caractère si pittoresque et si amusant. Elles s'ouvrent sur la rue par des vestibules dallés de marbre blanc et noir, au milieu desquels est une porte grillée en fer forgé et repoussé, ajoutée de dessins où se joue l'imagination la plus fantaisiste. Je n'en ai pas vu deux semblables. A travers cette porte dont le cordon passe à droite, on aperçoit le *patio* intérieur, cour rectangulaire de marbre, plantée (et vous jugez quelle belle végétation !), autour de laquelle règne une galerie ouverte formée de sveltes et gracieuses colonnettes de marbre blanc, supportant à l'étage supérieur, une seconde galerie, généralement vitrée, qui sert de *perambulatorium* et de dégagement commode et élégant à toutes les chambres rangées à la file en carré. Un *velum*, tendu au-dessus de la galerie supérieure, abrite toute la cour en été. La fraîcheur y est entretenue par des fontaines jaillissantes. Le soir, le *patio* est éclairé par d'élégantes lanternes. *Horresco referens !* la première chose qui me frappe en passant le seuil de mon charmant hôtel, c'est le goût maladif de l'Espagnol moderne pour le badigeon ! Oui, — siècles futurs le pourrez-vous bien croire ? — les délicieuses colonnettes de notre beau *patio* étaient blanchies au lait de chaux ! Le frottement des passants seul mettait à nu, à hauteur d'épaule, le marbre resplendissant. Je me hasarde, sans plus, à présenter une humble observation au maître du logis. Le malheureux ! il ne s'en était pas aperçu. Cependant, quand je lui fais comparer le pur reflet du marbre avec le sale et odieux badigeon, il se rend, et me promet, pour m'être agréable, de faire gratter ce dernier. Lecteur, si vous allez à Séville, — et vous irez, j'en suis sûr, — veuillez, je vous prie, vous assurer du fait.

Après un déjeuner enlevé à la pointe de la fourchette, malgré les distractions que me causait un vis-à-vis charmant, je me mets en campagne ; mon impatience était grande d'arpenter la ville rendue plus pittoresque encore que de coutume par les inondations. Les eaux pluviales ne pouvant plus se déverser dans le fleuve par les égouts, plusieurs rues, transformées en canaux, me rappelaient Venise. On y passait en barque ou sur des pontons dressés le long des maisons. Heureusement la fameuse *calle de la Sierpe*, la plus commerçante et la plus animée, et ses nombreux aboutissants étaient absolument libres. Je la suis et, montant légèrement un quart d'heure avec toute l'ardeur d'un néophyte, dirai-je ? ou d'un cheval andalous, j'arrive à la place de la superbe cathédrale, au pied de la

Giralda, la belle, l'incomparable tour carrée moresque. Ah ! combien j'écarquillais mes yeux tout le long du chemin ! Tout, oui tout, gens et choses, sollicitait mon attention ; et je n'obéissais pas à un enthousiasme de commande, mais bien à une curiosité naturelle éveillée à chaque pas, d'autant mieux que, tout en cheminant, on aperçoit de la rue, à travers les grilles, les *patios* les plus agréablement ornés, sans oublier les monuments publics fort remarquables : Ainsi la nouvelle façade de l'*Ayuntamiento*, palais de la municipalité sur la place Neuve, vaste quadrilatère planté de palmiers et d'orangers et garni de bancs de marbre à dossier de fer, où se prélassait volontiers, par une chaleur déjà sensible, une population passablement indolente. L'ancienne façade dudit édifice nommé aussi la *Casa de Ciudad* (l'Hôtel de ville), dont le beau style renaissance m'a rappelé la maison de François Ier, au Cours la Reine, est sur une autre place, celle de *San-Francisco* ou de la *Constitucion* qui a elle-même un grand caractère d'originalité archaïque avec ses *miradores*, élégants balcons vitrés, ornés de fleurs et d'étoffes voyantes que l'on retrouve partout dans la ville. Mais ce qui en fait le joyau, c'est la délicieuse fontaine de marbre blanc dressée au centre.

Hélas ! au milieu de toutes ces splendeurs du passé, je ne pouvais m'empêcher de déplorer les détresses du moment. La ville était inondée, de pauvres cultivateurs ruinés ; et, dans cette aile même de la *Casa de Ciudad* dont j'admirais la riche architecture Charles-Quint, se faisait, sous mes yeux, une ample distribution de pains à des malheureux affamés ! Mais au même temps, ma pensée se reposait sur de belles promesses d'avenir ; car tout n'est pas perte dans une inondation du Guadalquivir qui, semblable au Nil, répand un limon fertilisateur. Et puis, que de beaux et solides enfants je voyais dans ces bandes de campagnards !

Jaloux de contempler de haut l'étendue du désastre, suivant d'ailleurs mon ancienne habitude de chercher à m'orienter le mieux et le plus haut possible dans une contrée nouvelle, je me rends à la *Giralda* (95 mètres), et en fais l'ascension avec un nombre considérable d'indigènes. Ascension facile, car on monte par une rampe parfaitement éclairée, à pente douce, ayant, jusqu'à la première plate-forme, vingt-huit paliers, où deux chevaux pourraient passer de front et qui vous mène à la galerie régnant autour du beffroi ou plate-forme. Là on embrasse admirablement l'ensemble imposant de cette colossale construction dont les architectes ne sauraient se lasser d'étudier le plan, les détails si variés, si ingénieux qui défie les siècles, car elle semble taillée dans un même bloc zébré de couleurs voyantes. On suit toutes les sinuosités d'une grande ville (150,000 âmes environ), aux rues étroites et tortueuses ; semée d'églises aux tours arabes, entre autres celle de *San-Marcos*, plus ancienne encore que la *Giralda*, aux toitures recouvertes de tuiles bigarrées ; de beaux *Alcazars*, de promenades et de jardins ravissants ; on voit, à deux pas, le *Toros* antique : il a bien plus de caractère que celui de Madrid qui m'a semblé en être l'agrandissement. On était en train d'y restaurer avec soin l'ample loge royale sculptée avec une rare élégance. Enfin la vue s'étend de tous côtés sur un panorama magnifique.

Convaincu que les voyages doivent vous mettre avant tout en relation avec l'homme, auteur de tant de merveilles ; que l'homme, chef-d'œuvre de Dieu, est encore le plus intéressant des phénomènes à étudier, j'use de mon peu d'espagnol pour me mêler discrètement aux conversations où pour saisir au vol quelques cris partis du cœur. Ces braves gens, enfants de la nature et du soleil, dignes héritiers du fatalisme arabe, parlaient des pertes subies avec une insouciance tout à fait andalouse. J'en ai entendu un déclarer qu'il y était pour 80,000 réaux (20,000 francs), comme il aurait parlé d'un mauvais cigare à jeter. Je ne sais si beaucoup se préoccupaient de l'idée de drainer, de canaliser, d'élever et de fortifier les digues, de reboiser les collines au pied desquelles s'épanche le Guadalquivir.... Reconnaissons d'ailleurs que nous aussi, Français, avertis tant de fois par de semblables calamités, nous nous sommes contentés trop souvent de théories, de belles et savantes dissertations. Il est avéré que le fléau de l'eau est plus terrible encore que celui du feu. On n'en fait pas la part. On est, grâce à la moindre fissure, surpris, cerné en un instant. Il faut donc prévoir de loin et veiller de près. Et puis, me disais-je, que de personnes, même riches, retenues au loin dans leurs campagnes, par la maladie, et comme abandonnées au flot montant ! Je me livrais à ces pénibles réflexions au milieu de conversations bruyantes, parties de gauche et de droite et mêlées à la voix du vent qui s'engouffrait sous le clocher dominant notre terrasse. Certes, les moissons perdues, les cultivateurs ruinés, méritaient bien quelques larmes. Mais le peuple andalous ne vit pas seulement de pain... et de larmes, bien qu'il ait du cœur et beaucoup ; — ici je me rappelle le mot d'une jeune femme qui me disait d'un ton très pénétré : *Nos Andulacias tiengamo coraçon ; las Madrilenas no,* et il fallait voir son geste ! — il vit aussi et surtout de spectacles. Or les fêtes de la semaine sainte à Séville sont uniques pour leur splendeur. Elles attirent une foule d'Espagnols et d'étrangers. Elles devaient commencer dans dix jours, le jeudi saint, et les voilà compromises ! Grand sujet de lamentations. C'est là ce que j'ai entendu déplorer le plus pendant mon court séjour à Séville. J'ai su depuis que les inondations ayant diminué tout à coup, ces fêtes ont été magnifiques comme de coutume. C'est que Séville, la jolie, sans être pour cela plus religieuse que toute autre ville de toutes les Espagnes, a des traditions, des habitudes respectées ; c'est que sa cathédrale et sa merveilleuse tour surmontée d'une statue colossale en bronze de la Foi tenant en main le Labarum et par un ingénieux mécanisme, tournant au moindre vent (d'où le nom de *Giralda, girouette,* ce qui, pour continuer la parenthèse, n'est pas le meilleur emblème de la foi); c'est que ses nombreux et somptueux reliquaires, tout cela, dis-je, et l'humeur poétique des habitants, et la beauté éclatante du paysage... et bien d'autres choses encore, l'obligent comme l'honneur, elle, cité charmante, enchanteresse, tant de fois et si bien chantée, que je n'ose plus m'y essayer.

Revenons à la tour et contemplons-la d'en bas. Elle dépendait de l'ancienne mosquée dont il reste encore, au pied même de la *Giralda*, le superbe et vaste *patio* de *Los Naranjos*, la Cour des Orangers, environnée de constructions arabes en briques du meilleur style et débouchant, par une fort belle et large porte sur la *plaza del Triunfo* qui entoure la cathédrale. Comme tous les chefs-d'œuvre d'architecture, il faut, pour la bien apprécier, la contempler longtemps, à plusieurs reprises, et la porter pour ainsi dire dans sa pensée. Elle est toute en briques agencées avec tant de soin que les arêtes en ont gardé toute leur vivacité. Elle s'élève en s'éminçant d'une manière absolument insensible, et gardant partout de justes et harmonieuses proportions. Ses murs ont, à la base, une épaisseur de près de

3 mètres et présentent d'élégantes ouvertures à la moresque qui suivent la spirale intérieure. Plus on la voit, plus on la goûte. Il en est de même, toujours grâce à l'harmonie, cette loi suprême de l'art, de la fameuse porte judiciaire de l'*Alhambra* dout nous parlerons bientôt. Avant de m'éloigner, je jette un coup d'œil d'ensemble dans la majestueuse basilique où nous reviendrons le lendemain en bonne et agréable compagnie toute française.

La pluie dont j'avais été saturé jusqu'ici venait de cesser ; le soleil brillait de tout son éclat ; les oiseaux babillaient, et les promeneurs empressés s'épandaient de tous côtés dans les rues restées libres. J'éprouvais le besoin de les imiter, et de visiter les bords du Guadalquivir où baignaient, du côté du *Toros*, que je voulais voir de plus près, quelques beaux navires attendant le retour de la navigation entravée, et les vastes et magnifiques jardins du palais *San-Telmo* appartenant au duc de Montpensier, beau-frère de la reine Isabelle. Sur mon chemin, place de l'Amirauté, j'avise le drapeau français indiquant la maison de notre vice-consul. L'envie me prend de saluer ce dernier et de lui demander des nouvelles de son collègue de Cordoue, mon obligeant compagnon de route du mois de septembre dernier. M. Cruchon, ancien avocat à Libourne, me fait un accueil des plus courtois, contente mon envie, et cela avec d'autant plus de plaisir que M. Lavaur est son ami intime. Il me dit que, ayant donné pour le lendemain matin, à neuf heures, rendez-vous, à la cathédrale devant le saint Antoine de Padoue, à un couple parisien des plus distingués, le docteur Cornil, député, et sa jeune femme, il serait aise de m'y voir aussi et de nous faire les honneurs de Séville. Jugez si je refusai ! Et cela d'autant moins que M. Cornil est mon confrère de la Société d'anthropologie, et que, sans le connaître encore, je le savais sur la même route que moi. Voici comment : mon hôte de Madrid, n'ayant pu le loger, m'en exprimait son regret et il ajouta, ce qui fait honneur à sa sagacité : « Je le regrette aussi pour vous, Monsieur, car je suis sûr que vous auriez du plaisir à le rencontrer et à voyager avec lui. » Je rentre donc fort content à la *fonda di Madrid*, m'y repose un instant et descends, au premier son de cloche, à la belle et spacieuse salle à manger, où j'ai bientôt pour voisins M. et Mme Cornil. Ils venaient d'arriver. La connaissance se fait vite en voyage, surtout lorsqu'il y a (c'était le cas ici), quelque parité de goûts, de quartier et de relations de société. Du reste on ne m'avait dit rien de trop ; j'étais en présence d'un couple aimable, très instruit, sachant parfaitement voyager : je n'en dirai pas davantage, pour ne pas blesser sa modestie. A peine avions-nous quitté la table d'hôte, que nous nous acheminions ensemble vers la poste restante, pour faire ensuite une agréable promenade en ville. Et je me hâte d'ajouter, au risque de paraître en tirer vanité et sans craindre le reproche d'indiscrétion, que, à partir de ce moment, nous avons été quasi inséparables à travers Séville, Cordoue, Grenade, Carthagène, Oran, Blidah, Alger et Marseille.

Le lendemain matin, bien avant neuf heures, je me trouve au rendez-vous, arpentant les cinq nefs de la cathédrale, élevée en quadrilatère de 198 mètres de long sur 79 mètres de large, avec ses neuf portes, dont l'une celle *del Lagarto* (le Crocodile), doit son nom à l'énorme reptile suspendu au dehors, sous le porche, et que, dit-on, le sultan d'Egypte envoya à Alphonse le Sage, tant il est vrai que tout temps les *petits* cadeaux ont entretenu l'amitié. Je commençais à me pénétrer des majestueuses proportions de cette immense basilique du plus beau gothique, que je n'avais pu saisir la veille, tant à cause de ma hâte que de l'interruption, obligée en Espagne, de la nef centrale par le *coro* et la *silleria*, qui sont, il est vrai, des merveilles dans la grande merveille. J'admirais surtout l'élégante et imposante élévation des piliers formés de faisceaux de colonnettes qui portent la voûte à 30 mètres d'altitude, et qui paraissent sveltes malgré leur énormité. Prodige de l'art, de la pensée unie à un dessin habile ! Ces masses de pierre seraient lourdes si elles ne présentaient qu'une surface carrée ou même ronde : évidez-les, modelez-en les arêtes ; elles paraissent sortir d'un tour gigantesque qui, entre les mains d'un titan de génie, a tout proportionné par une mesure exacte à la fois et lumineuse de l'esprit, qui a fait jaillir de terre, avec une puissance défiant l'imagination la plus hardie, un chef-d'œuvre hors ligne, un monument immortel de la foi, de la foi en un Dieu créateur et dans le génie de l'homme, sa pâle et vivante image. Tout y est grand, noble, harmonieux. Voyez ce chandelier pascal de bronze, fait sur le modèle de celui de Jérusalem : il est haut comme une tour : vous n'en êtes ni distrait ni importuné, pourquoi ?

Regardez à l'entour de vous : tout s'explique, se tient, se complète. J'en étais là de mes pensées, quand arrivé au pied de la nef centrale, j'y aperçois un *Monument* (c'est le nom qu'on lui donne) de charpente peinte en blanc et dorée, de style grec composite, portant jusqu'à la voûte, sa tête altière, couronnée de la Passion ; disposé en plusieurs étages et dont on achevait de monter sur tous les points les statues colossales. C'était pour la *feria* de Pâques ; et tous les ans, depuis longtemps, même travail. Ah ! cette fois le cours de mes pensées change brusquement. J'éprouve le désagrément d'un homme qui, lancé à la course, rencontre un obstacle imprévu, infranchissable. Mon visage dut me trahir. Rencontrant un prêtre vénérable, une fort belle tête vraiment : *Che es eso?* lui dis-je, surpris. — *Feo* (laid), me répond-il. Jamais laconisme ne me parut plus éloquent. Je ne lui en demandais pas davantage. J'étais content de lui et même, — passez-moi cette complaisance propre — de moi. Et puis, il est si doux de s'entendre, surtout à demi-mot ! Cependant voilà le vaste, l'énorme oripeau dont on paraît être particulièrement jaloux aujourd'hui, dans la population sévillane, tellement que celle-ci se croirait lésée s'il venait à manquer dans la resplendissante fête de Pâques ! Et dire qu'on y dépense annuellement des sommes folles, que tous les marchands de photographies l'exposent dans les rues, et que l'on vous demande gravement : « Avez-vous vu le monument ? » — Et oui, je l'ai vu, et n'en parlons plus. *Ceci tuera cela*, et l'imagerie a détrôné l'autel.

J'étais à deux pas de la chapelle du baptistère. Je me rapproche de la grille et me trouve en présence du fameux saint Antoine de Padoue de Murillo. Neuf heures sonnaient. J'étais dans la contemplation de cette œuvre magistrale, le comble de la magie picturale, recouvrant tout un mur en ogive, environné d'un immense cadre de pierre et de bois sculpté qui est lui-même un chef-d'œuvre ; la voix de M. Cruchon, suivi bientôt de mes amis de la veille, me tire de mon rêve : « Avez-vous, nous dit-il, remarqué cette ligne imperceptible qui circule autour du personnage principal, de saint Antoine agenouillé en adoration devant la madone transfigurée ! — Vraiment non ; ah ! nous la voyons maintenant : qu'est-ce donc ? — Vous ne vous souvenez plus de l'histoire dont tous les journaux ont parlé ? Il y a deux ou trois ans des malfaiteurs se sont introduits, ont opéré une coupe à la pointe, ont emporté leur criminel larcin jusqu'en Amérique, à New-York, je crois, où ils l'ont vendu, pour une somme dérisoire, à un antiquaire qui, homme de conscience et de goût, ayant reconnu le chef-d'œuvre, a fait prévenir le chapitre de la cathédrale et lui a rétrocédé immédiatement, pour la somme versée, ce lambeau qu'aucun trésor ne pourrait payer. La restauration est si parfaite, que vous ne vous en êtes pas aperçus. » A mesure qu'il parlait, mes souvenirs se réveillaient : « Fort bien, dis-je, et je crois me rappeler que, trouvant de singulières et hautes compromissions dans ce vil attentat, la justice fit, pour étouffer le scandale, cesser les poursuites ? — On le dit. — Dans le cas, ajoutai-je, le saint a dignement recouvré ses titres à la crédulité de ceux qui, cherchant des objets perdus, l'invoquent comme leur patron, puisqu'il s'est si bien trouvé et réintégré lui-même. » Ce mot me coûta cher, on le verra plus loin. Enfin, il est bon que l'on ait un protecteur aussi habile dans un pays, noble sans doute, mais où, encore aujourd'hui (vieux restes, antiques usages), nombre de personnes perdent parfois, grâce au bon vouloir de ceux qui s'y prêtent assez adroitement. C'est un petit résidu de chevalerie errante.

A propos de tableaux, ajoutons d'une manière générale, et sans prétendre faire une sèche énumération, ni une description trop détaillée, que toutes les chapelles de la cathédrale (et elles sont innombrables) renferment des chefs-d'œuvre de peinture dont quelques-uns, par exemple le *Saint Jacques* combattant les Maures à la bataille de Clavijo, par Juan de las Ruelas, ont un caractère archéologique des plus intéressants. Il y a une douzaine de Zurbaran de la plus grande beauté dont neuf dans la chapelle de *San Pedro*, deux autres Murillo admirables, *San Isidro* et *San Leandro*, dans la *Sacristia Mayor* ; des Alonzo Cano, des Herrera, des Valdès Leal, des Juan Valdès, des Alonzo Vazquès, des Luis de Vargas, des Gonzalo Bias, des Hernando de Sturnio (*Los Evangelistas*), des Anton Ruiz un peu partout et pour ne citer qu'au hasard, sans parler des tableaux de l'école italienne. Mais une toile que j'ose recommander tout spécialement à l'attention des curieux, des délicats, est celle que nous avons contemplée avec ravissement dans la *Sacristia de los Calices*, représentant *Santa Justa* et *Santa Rufina*, les deux potières, patronnes de Séville, debout penchées l'une vers l'autre, les yeux en haut, avec une expression de béatitude et d'extase mêlée à la plus éclatante beauté, à la grâce la plus exquise. D'un commun accord nous étions sous le charme, et au moment que j'en parle, je crois les voir ces deux chastes et pures splendeurs de l'art si multiforme de Goya. Rien de heurté, ni d'excentrique : verve, coloris, poésie ; une pâte forte, bien fondue, baignée de lumière, d'une lumière qui vous poursuit ; une douceur, un flou, un fini, une perfection en un mot. On voit, en face, un chef-d'œuvre d'Alonzo Cano, si je me souviens bien, mais je n'ai plus de mémoire que pour ce Goya vraiment splendide. « Ah ! disaient à l'envi M. et Mme Cruchon on devrait bien nous donner ces deux potières ! » Et de fait, si elles n'étaient pas si bien où elles sont, recevant d'en haut un jour abondant, un jour d'Espagne, on les verrait avec plaisir au Louvre où nous n'avons que deux petits Goya. Mais n'ayons crainte : les Sévillans, qui ont le cœur fidèle, ne les lâcheront jamais ni pour or ni pour prières. Ils justifieront une fois de plus leur célèbre devise en rébus, *no 8 do*, que vous rencontrerez souvent sur votre chemin et qui était à l'adresse de leurs rois. En voici l'explication : Le mot *madecha* signifie un *nœud*, lequel est représenté au milieu de la devise. *No madechado*, je n'ai pas abandonné, je n'ai point fait de défection à mon roi. Aujourd'hui cependant, ils m'ont paru être en général beaucoup moins royalistes. Le parti républicain y est nombreux et très convaincu. Ce jour même, à deux heures, à notre hôtel, un célèbre tribun, bon orateur, dont le nom m'échappe, a été salué et harangué par une délégation de la jeunesse universitaire à laquelle il a répondu (j'étais aux premières galeries) par un petit discours bien senti se résumant dans ces deux mots : « Patience et travail ! » Cette morale est bonne en tout temps, et nous pouvons, à coup sûr, nous l'appliquer à nous-mêmes en faisant des vœux ardents pour la France.

Continuons, si vous le voulez bien, notre explication de la cathédrale. Lecteurs, je vous en avertis, il faut du temps et beaucoup d'attention pour bien voir cet immense musée religieux où tous les arts sont si richement représentés. Il est bon aussi d'avoir un cicerone comme le nôtre, versé dans ces méandres infinis; car plusieurs chapelles (il y en a trente-sept), forment des dépendances importantes d'une architecture admirable que l'on n'aperçoit pas du premier abord, qui pourraient aisément vous échapper, d'autant mieux qu'elles ne sont ouvertes qu'alternativement le matin. Nous étions au bon moment. Il était un peu plus de dix heures, la grand'messe venait d'être dite, et nous allions de surprise en surprise. Nous avons dit un mot des tableaux : parlons encore des sculptures et des joyaux.

La *Capilla Real* renferme les tombeaux du roi Alphonse X, de la reine dona Beatrix, femme de saint Ferdinand, et celui de la célèbre Maria Padilla, favorite de don Pedro le Cruel. Devant l'autel, la châsse toute de bronze, d'argent, d'or et de cristal où repose, admirablement conservé et comme endormi, le corps de saint Ferdinand revêtu de son armure damasquinée d'or. Sur l'autel, l'image de la Madone que le roi portait à l'arçon de sa selle : plus loin, l'épée et la bannière qu'il tenait en main à son entrée triomphale à Séville, à jamais ravie aux musulmans en 1248. Dans la chapelle de la *Concepcion*, le bas-relief de la Vierge et le retable de *Magdalena* de Gonzalo Bias ; *el Pilar*, l'un des autels de Juan Milan ; l'autel de *la Visitacion* avec sa châsse de cristal renfermant un *San Geromino* du sculpteur Geromino Hernandès, etc., etc. Dans la *Sacristia Mayor*, des trésors sans nombre de joaillerie inestimable, soigneusement gardés, au-dessus de l'autel et ailleurs dans des armoires aux fermetures artistiques et rassurantes : au premier rang, la célèbre *Custodia* d'argent ciselée par le célèbre Jean de Arfe (XVIe siècle), qui y travailla dix ans, mesurant 3 mètres 25 de haut et ayant la forme d'un temple circulaire à quatre étages. Il faut vingt-quatre hommes pour la porter dans les processions ; puis *le Tenebrario*, magnifique chandelier de bronze de 6 mètres 60, avec quinze cierges et autant de statues représentant Jésus-Christ, les Apôtres et les Évangélistes. Mais abrégeons, car nous ne pouvons tout énumérer. Dans la *Sacristia de los Calices de la Antigua*, vous remarquerez certainement le Christ du fameux Martinez Montanez dont vous admirerez encore le retable (descente de croix) et autres chefs-d'œuvre dans le *Sagrario*, vaste dépendance de la basilique, élevée au XVIe siècle, sur un caveau servant de sépulture aux archevêques de Séville. Ces nombreuses sépultures de bois colorié vous donnent toute illusion de la réalité, d'une réalité ennoblie par l'art le plus exquis. Ajoutez, et je vous prie de leur réserver une bonne part de votre admiration, les quatre-vingt-trois fenêtres à vitraux de couleur peints d'après Michel-Ange, Raphaël, Durer, Peregrino, Tibaldi, Cambiaso. Les plus anciens et les plus curieux ont été exécutés par Arnold de Flandre, célèbre peintre verrier.

Enfin et surtout, car je vous suppose aussi passionné que moi pour l'architecture, ne manquez pas de vous bien inspirer, de chapelle en chapelle et de dépendance en dépendance, de la variété, de l'élégance, de la richesse infinie des formes et des ornements. Il y a telle place, notamment sur certaine banquette en cuir de Cordoue circulant en ovale autour de je ne sais plus quelle chapelle surmontée d'une coupole de même forme, où je me vois encore, retardant le plus possible le moment fatal de la retraite. Il fallait y songer pourtant : nos porte-clefs ne vivent pas de l'admiration (sans calembour) des nobles étrangers. Nous avions nous-mêmes l'esprit rassasié et l'estomac en souffrance. Nous partons, non sans nous délasser un instant dans la belle cour moresque des Orangers, tout embaumée de ses fleurs, sur lesquels le sacristain veille comme un Argus : il paraît que c'est une profanation d'y toucher et Dieu sait s'il y en a ! Nous remercions notre obligeant cicerone proconsulaire, qui nous donne un second rendez-vous pour l'après-midi chez lui, afin de nous faciliter l'accès des jardins féeriques de San-Telmo. Nous ne dirons rien des autres églises de Séville, où nous eûmes plus d'une fois l'occasion de mettre le nez, et bien que plusieurs méritent examen, et qu'on y trouve un certain nombre d'œuvres d'art du genre de celles de la cathédrale. Mais plutôt que d'éparpiller son attention, on fera bien, je crois, surtout si le temps manque, de retourner le plus souvent possible à la Métropolitaine, rivale de celles de Burgos et de Tolède, que l'on ne saurait bien voir en une ni en deux fois.

C'est une vaste et belle solitude que le palais de *San-Telmo*. Depuis la mort de leur fille bien-aimée, la reine Mercedês, le duc et la duchesse de Montpensier l'habitent rarement. Cependant on les attendait sous peu de jours. Sa riche façade de marbre s'étend le long du Guadalquivir dont elle est séparée par une plantation semi-circulaire de palmiers superbes.

Le rez-de-chaussée a tout l'attrait d'un musée princier où l'art français coudoie l'art espagnol à chaque pas. C'est avec un singulier plaisir que j'y ai revu la *sainte Monique* d'Ary Scheffer, ce triomphe de la peinture spiritualiste : la pieuse mère découvrant le ciel à son fils, enfant des Muses, qui cherche encore et semble, au travers de ses doutes, entrevoir pour la première fois la *Cité céleste*, qu'il célébrera bientôt en maître, en Père inspiré. Puis, la série des originaux de Tony Johannot pour la belle édition de l'*Imitation* de Curmer, etc. Nous étions arrivés au perron du jardin, et nous brûlions d'envie, Mme Cornil surtout, d'y descendre et de nous y promener, malgré l'inondation qui, en couvrant les trois quarts, le rendait encore plus pittoresque. Or l'interdiction était formelle. Tout près de nous au pied de la terrasse, un gros arbre, trapu, puissant, au tronc tourmenté, — nous crûmes reconnaître un sapotillier des Antilles, — piquait notre curiosité. Sans pouvoir nous le nommer, le guide nous dit qu'il n'a qu'une vingtaine d'années. Nous demandons à l'examiner de plus près. Il cède : Il n'y a que le premier pas qui coûte... et d'ailleurs, ce que femme veut... (il est bien permis de parler par proverbes dans la patrie de Sancho Pança). Un de nos compatriotes, galant homme, qui afferme les jardins du duc, — et les oranges seules en sont un gros revenu, — vient à passer, nous prend sous son égide, et nous voilà, devisant de l'Espagne et surtout de la patrie absente, circulant librement partout où l'eau nous le permet. C'est bien certainement une des plus ravissantes promenades que j'aie faites de ma vie, et j'en compte pas mal, sans parler de la société qui n'y gâtait rien. On n'a pas d'idée de la richesse, de la fraîcheur, de la variété de ces plantations où les essences les plus rares se rencontrent à chaque pas. Les belles pièces d'eau n'y manquent pas; mais, toutes submergées, elles ne formaient qu'un lac plein de charme.

C'est le long de ce magnifique jardin et en suivant le Guadalquivir, que s'étend la promenade favorite, le Longchamps des Sévillans. Bien que très limitée par l'inondation, elle était encore assez fréquentée. C'était la bonne heure, quatre heures environ. Nous y faisons un tour agréable, y remarquons de fort gracieuses personnes, à pied ou en voiture, et admirons de brillants attelages. On sait trop la réputation des chevaux andalous pour que je puisse me flatter d'y ajouter rien. Je ne doute pas que leur beauté fière et souple ne frappe l'attention de tous ceux qu'intéresse « la plus noble conquête que l'homme ait jamais faite. »

Les moments s'écoulaient rapidement dans toutes ces délices. Le soleil s'inclinait de plus en plus à l'horizon, derrière les rives habituellement fortunées d'un fleuve majestueux qui déjà s'empourprait de ses feux couchants. Purifié par d'abondantes pluies, l'air était transparent. Le calme le plus profond régnait sur la ville et sur la campagne. D'un commun accord nous éprouvons le désir de contempler de haut cet émouvant spectacle si bien fait pour délasser l'esprit et pour élever l'âme. Nous étions à peu de distance de la *Giralda*. Nous y montons et savourons à longs traits le charme d'une enivrante poésie. Que l'homme est petit en présence des merveilles de la création ! Qu'il est grand puisqu'il les sent, les interprète, les célèbre d'âge en âge, les fait revivre même pour le pauvre exilé, pour le malheureux captif qui voit à peine les quatre murs de son noir cachot ! Dans leurs profonds malheurs, Dante, le Tasse, Cervantes, Camoëns vivaient en communion avec la nature et avaient pour compagnons fidèles Virgile et tous les chantres inspirés d'une maîtresse adorée qui ne vieillit pas, qui ne trahit jamais et qu'on chantera toujours.

Ami lecteur, qui avez bien voulu nous suivre depuis ce matin, ne trouvez-vous pas qu'il vaut la peine d'aller à Séville, ne fût-ce que pour y passer une journée semblable ? Et ce ne fut pas la seule : celle du lendemain ne fut guère moins heureuse, et cela, grâce encore à notre cicerone qui nous invitait, après nous avoir consacré tout l'après-midi, à un dîner de famille suivi d'une surprise, agréable sujet d'études de mœurs locales.

Mes voisins de chambre et compagnons de fortune étant fatigués, je sors seul de bonne heure pour aller visiter l'*Alcazar* dont on m'avait dit merveille et qui le mérite. J'y trouve, à l'entrée de belles et vastes écuries remises, un cicerone empressé, sans servilité aucune, me parlant sa langue en termes mesurés et distincts pour faciliter mon intelligence (ce n'est pas commun à Séville, la capitale de la *Gascogne* ibérique), qui me conduit partout dans ce palais et dans ce jardin enchantés, avant-goût de l'*Alhambra* et du *Generalife* de Grenade. Ils occupent le côté sud-est de la place *del Triunfo*. Tout comme l'*Alhambra*, l'*Alcazar* fut primitivement une forteresse, une place de guerre en même temps qu'une résidence royale.

Saint Ferdinand s'y installa en maître, après son triomphe sur les Mores dépossédés. Don Pedro Ier, Charles-Quint, Philippe II, Philippe III, et Philippe V, l'agrandirent tour à tour. La fantaisie arabe y brille comme au premier jour, à l'extérieur comme à l'intérieur; la façade et sa grande porte d'entrée sont couvertes de feuillages et de ciselures. Une porte latérale, qu'on rencontre un peu plus avant, conduit au magnifique *patio de las Doncellas*, dessiné par cinquante-deux colonnettes de marbre blanc appariées. Revêtus d'arabesques, les murs sont lambrissés, à hauteur d'homme, de ces faïences vernissées que leurs belles couleurs où le bleu domine, ont fait surnommer *asulejos* (*asul*, bleu azur), et que l'on retrouve partout, jusque dans les jardins. On les imite fort bien aujourd'hui, mais il va sans dire que la patine du temps donne aux anciennes un charme particulier. Cette cour, dallée de marbre blanc, ornée d'une belle fontaine, est surmontée d'une galerie dont les arcs rompent, pour plus de variété, avec ceux d'en bas. Elle conduit au *Salon des Ambassadeurs* et au *Salon de Charles-Quint*, qui, chacun dans son genre, l'un de style arabe très pur et très riche, l'autre de ce style pompeux qu'a marqué de son nom l'infatigable conquérant, sont d'une grande magnificence. Le premier présento quatre grands arcs à claires-voies, très gracieusement dessinés, avec un étage supérieur de quarante-quatre arceaux élégants et de quatre grands balcons en forme de tribune, où règne une intéressante galerie des portraits des souverains qu'y fit placer Philippe II d'abord, sans oublier même celui de la belle Maria de Padilla honorée des faveurs royales de don Pedro. Le tout est couronné par une coupole superbe, que l'imagination populaire a poétiquement surnommée la *Media Naranja.*

L'entrée opposée conduit à un second *patio* moins grand, mais non moins remarquable que le premier pour la richesse et l'élégance. Revêtu de marbre et de stuc, il est surnommé *de las Munecas* (des poupées) à cause des nombreuses figurines qui le décorent. On admire, dans les salles qui suivent, les plafonds sculptés avec un goût exquis, les jolies croisées de la forme moresque la plus idéale, séparées par de fines colonnettes de marbre, et s'ouvrant sur les jardins et par delà sur la vaste campagne. L'étage supérieur, moins ancien, est aussi moins intéressant. Vous remarquerez encore un oratoire gothique du temps de Ferdinand et d'Isabelle, avec un curieux autel en faïence surmonté d'un tableau de la *Visitation;* et près de là, — singulier voisinage ! — la chambre du roi don Pedro, communiquant, par un escalier dérobé, avec l'appartement de la favorite.

L'ensemble de ce palais est ravissant. Les couleurs en sont encore très éclatantes, et l'entretien en est fort soigné. C'est une curiosité, c'est un musée des plus rares, dont on voudrait jouir à tête reposée, longtemps en compagnie d'un ami, voire même d'une amie. Mais gardez-vous de négliger les jardins ; ils ne parlent pas moins à l'imagination ; ils n'évoquent pas moins de souvenirs historiques ou poétiques. Ils sont un type accompli de cette architecture végétative que Le Nôtre a si bien représentée sous Louis XIV. Si le style Charles-Quint y domine, car c'est lui qui les a complétés et les a marqués de sa forte empreinte, vous y retrouvez pourtant les allées où aimaient à se promener les rois mores et leurs sultanes ; et, après eux, tant de hauts et puissants personnages, tant de fières et éblouissantes beautés qu'ont chantés les poètes, en même temps que les sites radieux qui encadraient leurs héros. Ces jardins semblent encore aujourd'hui, avec leur verdure, leurs fleurs et leurs fruits innombrables, ruisselants d'émeraudes, de perles et de rubis. A mon débouché sur la terrasse monumentale qui domine ces jardins en contre-bas, j'ai été saisi, j'ai éprouvé comme une révélation soudaine du temps passé. Debout sur cette terrasse, supportée par des galeries voûtées d'où l'on descend par un magnifique escalier de marbre, vers des plates-bandes et des bassins sans nombre, entre autres aux bains des Sultanes, j'avais devant moi un spectacle tout à fait inattendu. Je voyais un palais continué par l'art le plus fantaisiste se jouant en pleine nature. A ma gauche, tournant le dos à l'Alcazar, une pièce d'eau limpide dans une belle vasque de marbre sculpté ayant au centre un Mercure du plus beau bronze antique, au pied d'une haute et longue galerie de brique en arceaux, formant à la fois clôture et promenoir à deux étages, le premier couvert, le second découvert, d'où l'on embrasse tout l'horizon; en bas, des pavillons, des échappées obscures, mystérieuses, des méandres impénétrables, surtout le fameux labyrinthe de lauriers dessiné, dit-on, par Charles V lui-même et dont l'esquisse se retrouve, gravée dans la pierre, au bord du bassin placé au centre du ravissant *Buen Retiro* où le royal pélerin de Saint-Just aimait tant à rêver et à se rafraîchir ; les eaux jaillissant, circulant, se jouant partout et jusque dans les allées pavées de briques, à travers une multitude de petites ouvertures que bouchent et dissimulent en temps ordinaire des viroles de bronze ; des orangers jusqu'à cinq et six fois séculaires — dit-on — (mon guide me fit hommage d'un bouton cueilli sur un tronc ravagé « qui remonte à Pierre le Cruel »); les essences les plus rares ; les fleurs les plus éclatantes : le tout enveloppé de lointains et magnifiques horizons et surmonté, comme d'un dôme, par le ciel du bleu le plus profond... Avouez qu'il y a là de quoi rêver en plein avril ! Je me prends à rêver... bien que n'ayant plus vingt ans. Je me représente un poète séparé de sa belle, contemplant comme moi la nature sous la tiède haleine du printemps et lui fais exhaler sa plainte :

Au sein de la verdure,
Tout rit dans la nature ;
Je pense à toi, Chloris,
A ton gentil souris.

Le renouveau fleuronne
Et d'azur nous couronne ;

Mais plus bel est ton sein
Que roses et jasmin.

Tu manques à la fête
Et mon cœur te regrette ;
Je t'envoie un baiser....
C'est pour m'indemniser.

Si cette improvisation n'est pas bonne, elle a du moins le mérite d'être très courte et très platonique.

Mais si par hasard vous étiez las de poésie, nous n'avons qu'un pas à faire, qu'une route à traverser, pour tomber dans la plus prosaïque des proses : en pleine fabrique de tabacs. C'est, vous le savez, une des plus grosses curiosités de Séville ; grosse, car l'édifice qui l'abrite est énorme et lourd, voûté en haut comme en bas, environné d'un fossé comme une forteresse, contenant plus de six mille employés, dont cinq mille femmes de tout âge, et produisant annuellement plusieurs millions de kilogrammes de tabac sous toutes ses formes, et notamment en cigarettes. C'est fort amusant de voir ces ouvrières légèrement intoxiquées par les parfums empyreumatiques si fort goûtés de nos jours, tournant de leurs doigts agiles ces petits tubes non gommés, et n'ayant, pour tout instrument, qu'une sorte de dé au bout de l'index, qui leur sert à rentrer bien exactement les deux bouts de papier. Insouciantes comme de vraies Andalouses, elles gagnent à ce métier, travaillant de onze heures à six heures, la somme folle de 3 à 4 réaux, (75 centimes à 1 franc). Quelques-unes ont à côté d'elles leurs babies au berceau; d'autres les allaitent du plus pur lait de leurs grâces qu'elles ne songent même pas à voiler. Mais toutes, oui toutes, jeunes et vieilles, laides et jolies (et ces dernières, il faut le reconnaître, ne sont pas en majorité), ont une ou plusieurs fleurs dans leur chevelure, fût-ce même un iris planté raide comme un poignard. Quand elles peuvent y joindre le grand peigne rouge, coquettement planté de côté, oh ! alors, c'est un *comble* (style du jour). A ce propos, et sans vouloir médire un instant de ces aimables industrielles, vous pouvez aisément vous créer parmi elles une éclatante popularité. Il y a toujours en bas, à l'entrée, un ou plusieurs marchands de roses : et quelles roses ! « Elles firent, pour parler avec R. Topffer, des ravages dans ma moralité. » Machinalement, sans penser à mal, j'en achète deux ou trois, et je monte, et je circule, accompagné pas à pas, de salle en salle; car le tabac est chose sacrée en Espagne comme en France. Fallait voir les yeux de convoitise ! Ma vanité ne pouvait s'y tromper; c'était bien à mes roses, à mes roses seules, qu'on en voulait. Un *réal*, on ne le demandait pas, trop bien élevé pour ça; trop bien aussi, pour le refuser : mais une rose, une belle rose ! Ah ! ce fut un assaut d'œillades, de gestes expressifs à mes roses... J'en donne deux, au hasard; cette fois j'en eus au moins deux regards pénétrés... de gratitude. Ne craignez pas, lecteurs, de vous charger d'un gros bouquet : vous aurez, en retour, une vraie moisson de cette fleur rare entre toutes, qui s'épanouit dans peu de jardins, hors Séville, qu'on ne saurait jamais trop cultiver dans le sien propre, et qui s'appelle la reconnaissance. Et puis, pour autant de roses faire autant d'heureuses ! Souvenez-vous d'ailleurs que Séville est la ville des fleurs, que les Sévillanes sont toutes vouées au culte des fleurs. Un instant après, contre la cathédrale, trois jeunes femmes me trouvant assez grand pour atteindre des fleurs d'oranger qu'elles reluquaient, me prièrent de leur venir en aide, et je n'y manquai pas.

Et voilà que je retombe en pleine poésie humoristique ! Décidément il faut changer de ton, et force m'est bien d'en changer. Rien de moins poétique assurément qu'une déception, surtout quand elle vous prive d'une jouissance artistique et des plus élevées.

Nous venions de déjeuner en causant de ce que j'avais vu le matin. Nous nous réjouissions, mes deux aimables voisins et moi, d'aller visiter le Musée, tout resplendissant de Murillo que Séville aime autant qu'il a aimé sa belle ville natale. Nous trouvions même, impatients, que notre cicerone se faisait bien attendre. Enfin, sa tâche proconsulaire remplie, il arrive, et nous emmène, par terre et par eau, à l'ancien couvent de la *Merced*, situé sur une place décorée, depuis peu d'années, de la statue en bronze du grand peintre. Nous approchons de la porte par un plancher perché sur un lac : « Ah ! Madame et Messieurs, nous dit un *hidalgo*, vous arrivez trop tard ! Hier encore, on pouvait entrer. Mais il a plu tant et si bien toute la nuit, que nous avons de l'eau dans les premières salles jusque tout près la cimaise. Nous ne pouvons ouvrir les portes et d'ailleurs vous ne sauriez naviguer. — Mais cela durera-t-il longtemps ? — Oh ! au moins une couple de jours... si la pluie ne recommence pas. » Et nous étions au 6 avril ! Et nous avions à nous embarquer le 15 au matin, à Carthagène pour arriver, même en retard, au Congrès d'Alger ! Et il nous fallait, dans l'intervalle, visiter avec de longs détours en perspective, Cordoue et Grenade, non moins dignes d'attention que Séville !

Malchance ! me dis-je. : Moi qui me faisais fête de contempler en si bonne compagnie le *Saint Thomas de Villanueva donnant l'aumône*, que Murillo considérait comme son chef-d'œuvre ! A la manière dont M. et Mme Cornil m'avaient parlé des deux magnifiques toiles du même peintre qui décorent *la Caritad*, le plus intéressant des établissements hospitaliers de Séville, et qui représentent : *Moïse faisant jaillir l'eau du Rocher* et *la Multiplication des pains* (n'oubliez pas, je vous en prie, d'aller les voir), je me disais qu'il y aurait double et triple plaisir à parcourir, avec d'aussi intelligents amateurs, un musée généralement vanté, si franchement espagnol, comme l'est d'ailleurs tout le beau pays d'Andalousie. Il fallait bien se soumettre et dire : A une autre fois !

Nous avions, il est vrai, pour nous consoler, à visiter encore la célèbre *Casa dè Pilatos*, édifice moins grand sans doute et moins somptueux que l'Alcazar, mais plus ancien et non moins remarquable en son genre, plus curieux encore par son caractère archéologique. L'architecte, artiste consommé, a prétendu reproduire exactement, dans son plan comme dans ses dimensions, le palais de Pilate à Jérusalem. C'est là, comme on sait, que le Sauveur du monde, traité de perturbateur par ses ennemis implacables, Pharisiens, Saducéens, sacrificateurs et scribes, pour s'être dit « le Roi des Juifs »; et cité par le grand prêtre Caïphe, subit, selon la loi romaine, son interrogatoire devant le proconsul, qui « ne trouva aucun crime en lui ». Notre grand peintre Munkaczy (Hongrois de naissance, il s'est formé à Paris) a, cette année même, *illustré* brillamment, grandement, comme on sait, cette scène unique, et peut-être bien s'est-il inspiré du *Prétoire* de Séville. Quant à Th. Gautier, il ne dit pas un mot de la *Casa de Pilatos*. Cependant son génie pittoresque devait s'y complaire. Ou bien est-ce le païen qui l'a emporté? Quant à nous, entrons sans prévention aucune, sans même nous porter garants de l'exactitude de la copie, par le grand portail en marbre d'ordre corinthien, qui donne accès à une cour passablement délabrée, conduisant au magnifique *patio* entretenu avec un soin jaloux. Là, aux quatre angles, des statues antiques dont deux Minerves colossales, se faisant face, et fort remarquables encore malgré d'inintelligentes restaurations. Au centre, une jolie fontaine de marbre blanc. Alentour, des galeries formées par vingt-quatre arcs d'une grande légèreté soutenus par des colonnes élégantes, sont revêtues, à hauteur d'appui, par de superbes faïences vernissées en relief, et ornées de vingt-quatre bustes de Césars et autres personnages illustres de l'antiquité. La galerie supérieure formant promenoir, présente des arceaux d'inégale voussure. Au fond du *patio*, la chapelle où l'on remarque une colonne de marbre de 2 mètres, faite à Jérusalem sur le modèle de celle où Jésus fut lié pour subir les premiers outrages. L'histoire de la Passion du divin Crucifié va se dérouler de chambre en chambre : le cabinet de Pilate; le Prétoire, vaste et belle salle dont le plafond est lambrissé aux armes du marquis de Tarifa; au haut d'un superbe escalier, un grillage, placé dans un arc, marque la place où le coq chanta après le triple reniement de Pierre; au milieu d'une salle carrelée, quelques faïences, rangées en rosace, indiquent la place où Jésus se tint devant le gouverneur; enfin sur la façade, du côté de la place, un balcon, dit *balcon de Pilate*, d'où le juge romain impuissant à apaiser les clameurs, présenta l'innocente victime : *Ecce Homo!* Tout cela parle vivement à l'imagination et éveille en foule, dans l'âme pieuse, des pensées, des émotions sérieuses, des convictions fortifiantes. Certes, il vit encore, celui qui a fait reposer tout l'effort triomphant de la prédication apostolique sur le mystère de sa résurrection, et qui, invisible, nous fait sentir sa présence, nous parle et nous anime, en nous apprenant à dire avec lui : « Père, pardonne-leur; ils ne savent ce qu'ils font. » La religion du Christ est humaine autant que divine; au fond elle est simple. Quand ses disciples, dégagés des subtilités, des querelles de mots et des superstitions qui, la défigurant, ne servent qu'à diviser et à fanatiser les hommes, voudront bien s'entendre et unir leurs efforts pour le bien commun, ce jour-là, la civilisation chrétienne aura fait un grand pas, et elle rayonnera au loin mieux qu'elle n'a fait jusqu'ici. Le Christ sera vraiment un porte-flambeau, au lieu que les hommes en ont fait si longtemps une torche incendiaire.

La grande salle du premier étage avec son

plafond à caissons sculpté et orné d'antiques et belles peintures, sert avec les appartements contigus à l'administration municipale. En sortant de là (et nous devons reconnaître la courtoisie avec laquelle les employés nous ont reçus), nous nous promenons avec délices dans les galeries élevées qui règnent autour du *patio;* puis, dans les jardins touffus où nous nous régalons d'oranges exquises, cueillies sous nos yeux par un guide trop espagnol pour n'avoir pas des égards pour une gracieuse Française.

Cependant la pluie avait redoublé; c'étaient des cataractes; la place n'était plus qu'un lac... et nous n'avions ni bateau ni échasses. Heureusement arrive une voiture conduisant quelques étrangers curieux comme nous de visiter la célèbre *Casa.* L'automédon entre de plein saut dans nos pensées, et, à l'aide de son fringant andalou qui en avait jusqu'au poitrail, il nous ramène à un endroit élevé d'où nous pouvions, en quelques minutes, gagner la demeure hospitalière de notre vice-consul. Là nous attendait l'accueil le plus aimable de la maîtresse du logis, suivi d'un dîner succulent qui sentait la France, et où l'entretien ne tarit pas. Le soir, arrivent à la file un certain nombre de jeunes et charmantes sévillanes accompagnées de leurs mères, de leurs frères, et même de deux ou trois *novios* très pénétrés de leur rôle intéressant. Malgré le carême, on se met à sauter, et, pour finir, à la requête générale, en l'honneur des visiteurs étrangers, deux fillettes de douze et quinze ans, sous la conduite de leur sœur aînée qui tenait le piano, sous l'œil vigilant de leur mère, nous donnent le spectacle de la *seguedilla :* c'est une danse à caractère, bien rythmée, d'un pas noble à la fois et gracieux, avec l'accompagnement obligé des castagnettes et des battements de mains. C'était vraiment fort joli, fort distingué. Aussi n'eûmes-nous, après cela, aucune envie d'aller aux deux ou trois concerts-bals qu'on nous avait pourtant bien recommandé de ne pas dédaigner.

Il fallait d'ailleurs songer au départ. Nous désirions voir, à tête reposée, Cordoue et surtout Grenade, Grenade l'enchanteresse, et nos jours étaient comptés. En effet, nous partons le lendemain, vendredi, 8 avril, non sans remercier nos hôtes (1), non sans adresser à Séville un

(1) Hélas ! six mois après, en octobre 1881, après une longue et douloureuse maladie, M. Cruchon mourait, regretté de tous.

adieu plein de regrets, et bien convaincus que nos compatriotes, qui y forment une colonie fort importante, pouvaient moins bien choisir. Nous répétions à l'envi le distique bien connu :

Quien no ha visto a Sevilla
No ha visto a maravilla.

Oui, sans restriction aucune; et je ne puis comprendre, pour mon compte, celle que fait Gautier, lui, le romantique et le coloriste, en citant ce proverbe si juste. Cela ne m'empêche pas d'être enthousiaste et de Tolède et de Grenade.

CORDOUE est, lui aussi, plein de souvenirs de l'occupation arabe. C'est d'ailleurs une ville d'une étendue considérable qui compte près de 50,000 habitants. Bâtie dans une plaine délicieuse, sur la rive droite du Guadalquivir, elle a pour perspective imposante la chaîne de la *Sierra Morena*; son antiquité s'accuse à chaque pas; elle a aussi tout l'attrait d'un musée en plein vent. On remarque tout d'abord d'épaisses murailles flanquées de tours carrées, octogonales ou rondes, élevées successivement par les Sarrasins les Mores et les Chrétiens. On les contemple en souriant comme jeux d'enfants, quand on pense à l'immense portée et aux effets foudroyants de l'artillerie moderne. Un vieux pont de pierre dont les premières assises remontent aux Romains, traverse le Guadalquivir, près du somptueux palais épiscopal qui donne sur la petite place *del Triunfo*, où se dresse une élégante colonne portant la statue en bronze doré de Raphaël, le patron de la ville. Sur un grand nombre d'anciens édifices en ruine, parmi lesquels il faut remarquer l'*Alcazar viejo*, se lisent une multitude d'inscriptions intéressant l'histoire de la cité, de la province, dont plusieurs datent de l'occupation romaine. Deux belles promenades, le *Paseo del gran Capitan* (le Cid) et le *Paseo de la Victoria*, ornent la ville et attirent les étrangers.

Mais tout cela n'est rien; ce sont les bagatelles de la porte. Ce qui fait le charme incomparable de Cordoue, c'est sa mosquée immense, au centre de laquelle, contre toute attente, s'élève une superbe cathédrale de style gothique flamboyant, cette excroissance, cette « verrue architecturale », qui, il faut l'avouer, serait bien mieux partout ailleurs. En effet, on lui a sacrifié sottement une partie importante du magnifique sanctuaire musulman qui lui sert de portique démesuré, étrange, au milieu duquel elle est comme perdue ou noyée. Parlons avant tout de ce chef-d'œuvre arabe qui n'a pas d'égal en Europe. Il est simple, grand, harmonieux et donne pleinement cette idée de l'infini qui convient essentiellement au culte sacré. Mais c'est plutôt l'infini en étendue, tandis que l'art gothique en général s'attache plutôt à l'infini en hauteur. Figurez-vous un vaste parallélogramme de 167 mètres de longueur sur 47 mètres de largeur, des murs extérieurs de 10 mètres seulement de hauteur, percés de dix-neuf portes de 2 mètres d'ouverture sur 3 d'élévation, ayant chacune, à droite et à gauche, des fenêtres à double arc. A l'intérieur, et c'est là que vous serez ravi du premier coup d'œil, un véritable quinconce d'arceaux délicieux pierre et brique, à double étage, soutenus par des colonnettes d'un seul morceau d'environ 2m 50, au nombre de près de mille, toutes de marbres précieux, de jaspe, de porphyre, de brèche verte et violette, etc. Tout cela compose un ensemble de nefs ou allées qui, se croisant à perte de vue, dix-neuf dans un sens, trente-six dans l'autre, se terminent à une hauteur de

8 mètres par une série de voûtes ou demi-coupoles, revêtues au dehors de toitures bien distinctes et bigarrées. La porte principale, la *Puerta del Pardon* est en face de la sixième nef, du côté ouest. Elle décrit un arc arabe ogival de 4 mètres d'ouverture sur 8 mètres de haut, orné d'arabesques délicatement ciselées et d'écussons armoriés. Au fond de cette nef qui est la principale, les colonnes se resserrent; les arcs, plus ornementés, forment de véritables girandoles de rubans et mènent au vestibule du *Mihrab* (*mîn ruach*, le sanctuaire de l'Esprit) autrement dit *El Adoratorio*, le sacro-saint, pratiqué dans l'épaisseur du mur. Là on demeure émerveillé. L'art arabe y a épuisé tout ce qu'il possédait de richesses, de grâce et d'harmonieuses proportions. Le *Mihrab* en particulier, fort exigu, de forme octogonale, environné de seize colonnettes de marbre blanc, supportant une voûte d'un seul bloc de marbre blanc, creusé et taillé en forme de conque; ciselé, couvert d'arabesques et de nielles; environné de mosaïques d'une délicatesse infinie, dépasse tout ce qu'on peut imaginer de riche et d'élégant. C'est là qu'on déposait le Coran dont quelques versets sont inscrits sur les murs. Le marbre des dalles est légèrement creusé en rond

par la marche agenouillée des initiés. On remarque autour de la voûte des dessins en arcs de cercle coupés (⁀⁀⁀), dont les intersections ont, pense-t-on, donné l'idée de l'arc ogival, pratiqué déjà par les Arabes. A côté du *Mihrab* se trouve la sacristie de la cathédrale, où nous avons admiré une *Concepcion* et une *santa Theresa à la colombe*, admirablement sculptée.

Grandeur passée! Qu'on se représente maintenant cette immense et féerique mosquée, inondée de fidèles, le soir à l'heure de la prière, avec une illumination de dix mille lampes faisant valoir les vitraux, les enluminures, les ornements infinis d'une architecture sans rivale! En vérité, tout en laissant à la Croix sa supériorité morale sur le Croissant, n'aurait-on pas dû, ne fût-ce qu'au point de vue de l'art, respecter ce monument précieux, caractéristique entre tous? Mais il n'en fut pas ainsi. Le zèle peut dégénérer en zélotisme; cela s'est vu, se voit et se verra encore. C'était peu pour l'Espagnol de triompher: il lui fallait encore marquer et pour ainsi dire incruster son triomphe, fût-ce même d'une main brutale, iconoclaste. Lorsque saint Ferdinand entra dans Cordoue, le 25 juin 1236, la mosquée, vouée aussitôt à la Vierge, fut appropriée au nouveau culte. C'est ainsi que vous voyez cinquante-deux chapelles rangées à l'intérieur de la dernière colonnade qui règne à l'entour du vaste quadrilatère. Mais cela pouvait encore s'excuser : c'était une peccadille. Le crime, le voici : le rêve de l'archevêque sous Charles-Quint fut d'élever au beau milieu de la merveille arabe une cathédrale splendide. Il surprit la bonne foi de l'empereur, et se mit résolument, dès 1556, à l'œuvre, marteau en main. Cinquante-trois colonnes y passèrent, et la voûte élancée s'éleva bientôt dans les airs, écrasant de ses masses profondes cette forêt charmante d'arbres nains. Rien ne fut épargné pour frapper les imaginations et attester les fastueuses splendeurs du culte romain. Certes, le retable du maître-autel, les deux chaires supportées chacune par deux des quatre animaux symboliques des Évangélistes, les stalles du chœur en acajou massif sculpté avec un soin merveilleux, les orgues, les grilles et les balustrades en fer ouvragé, les tombeaux, les lampadaires : tout cela commande encore aujourd'hui l'admiration. Mais pour l'amour du ciel, cet édifice qui est là, quasi béant, sans façade, étonné d'avoir pour portiques, de toutes parts, un temple musulman où il est enfoui, n'eût-il pas été beaucoup plus beau ailleurs, seul, sur une éminence s'épanouissant en plein soleil? Ce fut, il faut en convenir, un grand artiste que celui qui l'éleva en si peu d'années : mais je ne puis m'empêcher de le plaindre d'avoir dû obéir à un prélat aussi parfaitement absurde. Nous en éprouvions un sentiment de dépit; et pour nous rasséréner l'esprit, nous allons à côté, sur la place *del Triunfo*, contempler le gracieux paysage qu'arrose le grand fleuve de l'Andalousie qui roulait ses ondes encore gonflées et limoneuses.

Nous avions hâte d'arriver à Grenade. Le train partant à midi devait nous y porter en neuf ou dix heures. Nous rentrons à la *Fonda Suicera* (hôtel Suisse), pour y déjeuner, et nous partons après avoir passé un après-midi et une matinée à Cordoue.

La gare est près de la promenade de *la Victoria*. On laisse à droite la ligne de Séville; on traverse le Guadalquivir sur un beau pont en tôle de 200 mètres, puis le *Guadajocillo* dont on remonte la rive droite entre de verdoyantes collines. Bientôt la vue s'étend sur une campagne ravissante et l'on arrive, en une heure et demie, à *Montilla,* jolie ville de 15,000 âmes, admirablement située, patrie de Gonzalve de

Cordoue, où les ducs de Medinaceli, ces puissants seigneurs qui possèdent de vaste territoires, par toute l'Espagne, ont un palais superbe et où l'on fait de bons vins. Deux heures après on est à *Bobadilla*, station d'embranchement des lignes de Grenade et de Malaga, où l'on fera bien de prendre ses précautions pour éviter la désagréable surprise d'un train manqué. 20 kilomètres plus loin l'attention se porte sur la pittoresque *Antequerra*, ville de 30,000 âmes, avec ses forts en ruine, du temps des Romains, et surtout sur la contrée fertile et industrielle entre toutes, qui l'environne. C'est un Eldorado. La scène change. Les travaux d'art se succèdent dans un pays inculte et coupé de gorges sauvages : *Infiernos de Loja*. Un long tunnel conduit à la pittoresque vallée de *Loja*, auprès du lit profondément encaissé du Genil. Encore 50 kilomètres et l'on arrive à Grenade, après avoir franchi en neuf heures et demie un parcours de 247 kilomètres, vitesse même au-dessous de l'espagnole.

GRENADE

Soit lointaine, soit voisine,
Espagnole ou Sarrasine,
Il n'est pas une cité
Qui dispute, sans folie,
A Grenade la jolie
La pomme de beauté,
Et qui, gracieuse, étale
Plus de pompe orientale
Sous un ciel plus enchanté (1).

Grenade! Il y a des hôtels en ville; mais ils ne sont guère fréquentés que par le commerce. La grande attraction des étrangers étant l'*Alhambra* et le *Généralife* qui recouvrent toute une colline assez élevée, dominant la ville, c'est là aussi que sont les deux hôtels — et ce sont aussi les meilleurs — affectionnés par les touristes; l'hôtel *Washington Jrving* (on sait tout ce que le romancier américain a fait pour la gloire de Grenade), et, en face, l'hôtel *de Siete Soles* (nom emprunté à une vieille tour, englobée dans ses jardins, qui

(1) Victor Hugo, *Les Orientales*.

autrefois comptait sept étages). Un bon omnibus nous conduit au premier. Ce n'est pas sans émotion que nous traversons la ville calme et sombre, que nous passons la vieille porte étroite qui donne accès à l'allée magnifique et déserte, admirablement plantée, arrosée de mille sources, qui, par une pente assez sensible, nous mène à notre hôtel. Notre imagination se donnant libre carrière, nous nous reportons à quelque six ou sept siècles en arrière; nous peuplons ces poétiques, ces luxuriantes solitudes où retentit seul le chant du rossignol mêlé au grelot de nos chevaux, des Arabes sans nombre, aux costumes voyants, aux brillantes armures, qui servaient d'escorte à quelque sultan obéi au moindre signe. On se croirait en une forêt vierge, à voir, au clair de lune, les arbres séculaires qui entrelacent sur vos têtes leurs rameaux touffus. On se demande si quelques gitanos vagabonds ne vont pas, aujourd'hui qu'il n'y a plus de sultan, espingole au poing, arrêter le modeste et lent véhicule et rançonner de trop confiants voyageurs. Mais tout se passe en douceur. Pas la moindre tête cassée. Le maître d'hôtel, bien appris, nous traite en personnages de distinction, sans faire de prix trop distingués, et nous donne, outre ses meilleurs chambres, un salon, vraiment oui, un grand et beau salon, où plus d'une chaise dansait la sarabande... voire même un simple souper. Qu'on se le dise! Un souper, à l'*Alhambra*, à passé dix heures!

Le lendemain matin, nous commencions notre exploration et tout naturellement par l'*Alhambra*. C'est d'ailleurs le meilleur moyen de s'orienter, d'embrasser toute la contrée merveilleusement belle, qui a inspiré tant d'écrivains, de poètes illustres, de tous pays, et de suivre le plan, la configuration détaillée de la ville, vraie sultane au repos dans un bassin de verdure. On l'a comparée aussi à une grenade entr'ouverte. Et vraiment, brillante, étagée gracieusement comme elle est sur les pentes des trois hautes collines qui l'enserrent de leurs teintes chaudes, mordorées, elle prête à cette image. Ces trois collines ont un charme particulier. La première c'est celle où nous sommes, aux versants briqués, d'où nous embrassons du regard l'horizon majestueux. L'*Alhambra*, ville à part, ville royale, palais et forteresse la recouvre tout entière. En face et séparée par un ravin profond où coule tumultueusement le Darro, la seconde et la plus élevée, l'*Albaycin*, plantée jusqu'au sommet d'une forêt d'impénétrables figuiers de Barbarie, et semée, vers le bas des modestes habitations du faubourg curieux des gitanos; à gauche enfin, l'humble colline dite des *Torrès Bermejas* (tours vermeilles), vieux restes de l'occupation romaine, et même, dit-on, phénicienne. Enfin, dans le fond de cette vaste et lumineuse enceinte, la ville qui, de l'observatoire où nous sommes si bien placés pour l'étudier, accuse nettement son triple caractère arabe, renaissance et moderne, ce dernier tendant naturellement à empiéter de plus en plus sur les deux autres. Les rues sont étroites et tortueuses dans la vieille ville resserrée entre l'*Albaycin* et l'*Alhambra*; elles s'élargissent avec l'épanouissement de la vallée qui se perd dans une immense et fertile étendue couronnée par les monts élevés de la *Sierra Morena*. Au beau milieu de la cité, se dresse l'imposante et massive cathédrale, à large façade, dont les tours n'ont jamais été achevées. Partout le regard s'arrête sur quelque point intéressant ou caractéristique ; promenades, places, édifices publics, colonnes, etc.

C'était le jour des Rameaux. Les cloches sonnaient à toute volée. La population endimanchée s'épandait par les rues. La ville avait un air de fête qui faisait plaisir à voir. Le moment nous parut propice pour l'étudier, observer ses mœurs, ses dévotions même, et surtout dans l'enceinte de sa vaste basilique que nous ne pouvions jamais mieux voir. Soyons vrais pourtant : nous ne pouvions redescendre sans avoir saisi au vol une première vision de ce palais unique, qu'on ne saurait imaginer, dont rien ailleurs, pas même l'*Alcazar* de Séville, ne donne l'idée. Nous entrons... nous sommes fascinés, et nous nous promettons de revenir pour nous bien pénétrer de cette merveille arabe. Réservons-nous donc.

Suivons, pour nous rendre en ville, et cette fois au plein soleil, l'allée superbe que nous avions gravie la veille au soir. Délectons-nous de ses frais ombrages, puis, passant sous la porte dite *de las Grenadas*, dont nous avons parlé, construite par Charles-Quint, continuons par la rue *Cuesta de los Gomeres*, autrefois habitée par une tribu célèbre, qui débouche sur la *plaza Nueva*. Nous remarquons au-dessus de la porte d'une chapelle, la jolie statue de *San Onofre*; plusieurs boutiques d'antiquailles ou de reproductions partielles des ornements si riches et si variés de l'*Alhambra*. Sur la place Neuve, nous nous trouvons en présence de la *Audiencia*, bel édifice orné d'une élégante façade de marbre. Prenons à gauche le long de la vieille rue du *Zacatin*, très marchande, dont les maisons, surplombant d'étage en étage, se rejoignent presque à la hauteur des toits, comme on le voit à l'antique Kasbah d'Alger, ce qui est assez pratique sous un soleil dévorant. Au milieu de cette rue curieuse, tournant à droite pour nous rendre à l'église, traversons, non sans nous y arrêter, l'*Alcaiceria* (Alcazar), vaste et élégant bazar moresque, très bien conservé, où les boutiques abondent, et qui vous fait rêver de l'Orient. Jetons, en débouchant sur le côté sud de la cathédrale, un regard attentif sur l'ancien palais de l'*Ayuntamiento*, style Isabelle, très somptueux et lourd, devenu aujourd'hui une simple fabrique de draps. Contournons l'église pour entrer par sa grande façade, qui donne sur un marché où nous verrons le lendemain s'étaler, entre autres produits du pays, des poteries aux formes orientales, aux dessins saillants, aux couleurs voyantes dont on aimerait emporter de nombreux échantillons, et d'autant plus que le prix en est minime. Pénétrons enfin dans l'enceinte sacrée inondée de fidèles portant pour la plupart le symbole du jour, la grande feuille de palmier, qui a plus de couleur et de vérité historique que notre maigre buis, et que l'on voit si souvent en Espagne, attaché aux balcons des maisons. L'intérieur de style composite, partagé en cinq grandes nefs soutenues par vingt énormes piliers, vous saisit par ses proportions massives. Ne leur demandez ni la grâce ni la sveltesse. Les orgues, à deux corps identiquement semblables, immenses, somptueux, se faisant face l'un à l'autre à l'entrée du chœur avec leurs énormes registres horizontaux braqués comme des canons, font entendre leurs sons puissants auxquels répondent les voix des chanteurs et des instruments placés dans le *coro*. Quel beau moment pour contempler dans toute sa majesté l'édifice sacré orné de tant d'œuvres d'art, la plupart fort remarquables ! Nous en faisons le tour. Les nefs latérales sont partagées en quinze chapelles d'une grande richesse, avec des retables et des peintures de valeur. *La Capilla de Santiago* dont le curieux tableau, *Nostra Signora del Populo*, donné par Innocent VIII à Isabelle la Catholique, n'est descendu qu'une seule fois tous les ans, à la fête commémorative de la prise de Grenade ; *la Capilla de Nostra Signora de la Antigua*, avec sa gothique image de la Vierge et les deux portraits de Ferdinand et d'Isabelle, œuvre de leur peintre favori Antonio Rincon; *la Capilla del Pilar*, où l'on admire, entre autres belles sculptures, le tombeau de l'archevêque Antonio Galban ; tout près au-dessus de la porte de *la Sala Capitular*, un superbe groupe de *la Caritad*, par le célèbre émule de Michel-Ange, Piétro Torregiano, Florentin comme lui, victime malheureuse et de son culte pour l'art et de la ladrerie d'un grand seigneur; à côté, sous un dais de velours, le beau tableau de *la Mort du Christ* par Bocanegra; *la Capilla del Mayor*, d'une richesse extraordinaire, soutenue par vingt colonnes corinthiennes dont douze aux piédestaux ornés de festons, de fleurs et de fruits et portant les statues colossales des douze apôtres, toutes surmontées d'un second ordre supportant un entablement magnifique aux arcs enrichis de six des plus grandes et plus belles compositions d'Alonzo Cano. Au-dessus enfin, des vitraux représentant la Passion. De la frise qui les couronne, s'élancent dix arcs qui se rejoignent en une voûte splendide dont la nef est à 47 mètres de hauteur! N'oubliez pas enfin, au centre même de l'église, le *Trascoro*, tout de marbre et de porphyre admirablement travaillé.

La Capilla real forme une église à part, plus ancienne, plus pure de style que la cathédrale elle-même. Elle est toute gothique et du beau temps. Elle fut élevée à la mémoire de Ferdinand et d'Isabelle et pour recevoir leurs dépouilles si longtemps en vénération. L'entrée en est majestueuse ; deux hérauts d'armes fièrement campés semblent garder et défendre les armes d'Aragon et de Castille de grandeur colossale dont ils sont chargés. L'intérieur et surtout au fond le maître-autel, que ferme une grille de fer ouvragé, captive notre attention. Là se trouvent rangés parallèlement les magnifiques mausolées de Ferdinand V, d'Isabelle, son épouse, de Jeanne la Folle et de Philippe le Beau, son mari. Ils sont de marbre de Carrare fouillé comme une dentelle, et défient toute description. Ne vous contentez pas de les effleurer du regard. On vous montrera encore, si vous le voulez bien, l'épée de Ferdinand, la couronne, le sceptre, le missel d'Isabelle la Catholique, reine de Castille, protectrice de Christophe Colomb et grand'mère de Charles-Quint.

Nous rentrons dans l'église. Le service venait de finir, et nous pouvions circuler plus librement et rassasier nos yeux, Mais nous voilà bientôt environnés d'une nuée de gamins, écorchant le français, et se disputant l'honneur de nous montrer ce que nous voyons bien mieux sans eux, ou nous offrant, pour un réal ou deux, la palme vénérée qui eût été un grand embarras pour nous. Nous ne réussissons à nous en défaire que par le mot fatidique *Dios te guardo!* que Mme Cornil lançait d'ailleurs avec une grâce charmante; et encore l'un d'eux nous suivit-il longtemps dans la rue. Certes, il ira loin s'il montre autant de persévérance dans sa carrière, à supposer qu'il se décide à travailler. Nous allions sortir de l'église, quand nous avisons, à l'angle intérieur de la façade à l'origine de la voûte, à une hauteur de 25 à 30 mètres, la demeure du sacristain, d'où sort, par la fenêtre, une jeune fille qui suit la large corniche bordant, sans parapet aucun, le mur contre lequel elle glisse, ombre légère; et, passant par une large ouverture au-dessus d'un des portails, elle s'installe au dehors, dans un angle profond, sa couture en main, dominant, au plein vent, et la ville et la foule qui circule à ses pieds. Vision! Esméralda ou sa chèvre n'auraient pas fait mieux.

Lecteurs, ma description est courte et fort indigne du sujet. Mais je m'adresse à vous pour vous persuader d'aller voir par vous-même, et non avec la prétention de vous montrer tout, craignant d'ailleurs de vous fatiguer par de trop minutieux détails, que vous découvrirez non moins bien que nous. Je ne vous dirai même rien ni des vingt-sept autres églises paroissiales dont quelques-unes méritent l'attention, ni des nombreux anciens couvents, sinon pour vous recommander de visiter *la Cartuja*, riche encore, malgré bien des déprédations, de belles œuvres d'art, remarquable surtout par ses portes et ses meubles incrustés d'écaille et d'ivoire ; et le couvent de *Santo-Domingo*, fondé par le fameux Torquemada, transformé aujourd'hui en musée de peinture et en académie de beaux-arts. Du reste, si, comme nous, vous aimez à aller à l'aventure dans une cité aussi parfaitement originale et intéressaute que Grenade, vous y rencontrerez plus d'une surprise agréable, entre autres, près du *Darro*, à la hauteur de la cathédrale, un vieil *Alcazar* arabe, peuplé d'ouvriers et d'animaux sans nombre, une véritable arche de Noé sur terre ferme. Vous irez, en suivant le Zacatin jusqu'au bout, à la place de *Bibrambla*, aujourd'hui dite *plaza de la Constitucion*, où vous remarquerez le palais archiépiscopal. Vous vous plairez à la belle esplanade plantée qui la prolonge. A vrai dire, nous n'allions pas tout à fait à l'aventure ; nous avions une recommandation pour le vice-consul de France, M. de La Morlière, vrai type d'urbanité française, qui se mit tout à notre disposition et nous accompagna dans plus d'une excursion en nous servant de trucheman autorisé et obligeant.

Le soir, nous allions contempler le coucher du soleil du haut de l'*Alhambra*, sur la terrasse plantée en jardin d'oliviers. Rien n'est plus beau que ce panorama enrichi des plus belles teintes crépusculaires. Les glaciers de la Nevada, passant du rouge vif au violet foncé, puis au ton cadavéreux, enfin au blanc mat sur un ciel d'un bleu incomparable, nous ont rappelé le mont Blanc vu du quai du Rhône à Genève. C'est moins grandiose, sans doute, mais bien plus coloré. Dès le lendemain matin, nous retournons à ce palais des *Mille et une Nuits*, et pour ne plus nous en lasser durant le petit nombre de jours que nous avions à passer à Grenade. Quoi qu'on imagine, on sera encore loin de compte. Cependant pas d'illusions; ne vous attendez pas à des dimensions colossales, ni en hauteur ni en étendue (il est vrai que le palais, plus vaste à l'origine, a été, lui aussi, comme la mosquée de Cordoue, réduit par le mauvais goût des conquérants) ; mais vous ne sauriez rêver des proportions plus justes, plus harmonieuses, ni plus de richesse, ni plus d'élégance. Quant à la forteresse, enserrant toute la colline, au plateau largement développé, de ses hautes murailles que dominent de grandes et belles tours, elle est immense. C'était un camp retranché réputé imprenable. C'est ce qu'attestent encore, à l'entrée principale, à la *Puerta del Juicio* (porte du Jugement), deux sculptures, l'une à l'avant, l'autre à l'arrière, représentant, la première, un bras levé ; la seconde, une clef ; d'où le fameux dicton arabe : « L'Espagnol n'entrera que lorsque la main aura saisi la clef. » Aussi l'Espagnol vainqueur ne manqua-t-il pas de porter la main à la clef, et de faire toucher la clef véritable à la main de pierre, ce qui était bien simple, et ce qui dut apaiser l'ombre du prophète. Le nom de la tour lui vient de l'habitude qu'ont les musulmans de rendre la justice sur le seuil de leurs palais. On y arrive après avoir laissé à gauche une forte tour qui en défendait l'accès et, tout auprès, la belle fontaine dite *Pilar di Carlo Quinto*, portant la fameuse devise du fier monarque : *Plus oultre*. Si la justice doit être carrée par la base et bien équilibrée, jamais porte ne fut mieux appropriée à cet auguste emploi. J'ai été très frappé de l'harmonie, de la majesté de ses lignes bien simples d'ailleurs. Représentez-vous un grand cube d'or rouge, crénelé, percé d'un bel arc en fer à cheval, si bien posé, si admirablement coupé (oh! qui dira le charme des belles lignes!) sur un fond de ciel cru, éblouissant, que l'œil et l'esprit s'y reposent pleinement satisfaits, bercés de cette ineffable délectation esthétique que vous procure toujours la perfection de l'art. Je vais paraître enthousiaste à propos d'un cube. Mais un incident m'a confirmé dans ma vive admiration : mon aimable compagnon de route, le docteur Cornil, tire son crayon, et se met à esquisser (il dessine fort bien, et tous ceux qui connaissent ses savants travaux d'histologie le savent) la porte judiciaire sur son album. Mais il la fait plus étroite : du coup il en avait altéré le caractère solide et imposant. Il se rend à mon observation, et d'un rien rétablit l'équilibre. Ah ! quel beau sujet de tableau, d'aquarelle, que cette seule porte avec son entourage de verdure luxuriante! Passons la seconde, en arc ovale, à colonnes richement ornées d'arabesques et d'inscriptions ; puis la troisième assez délabrée; et arrivons par une allée étroite à la *plaça de los Algibes* (citernes estimées par toute la ville).

Au bout à droite, se présente l'élégant et puissant portique *del Vino* avec la devise d'Alhamar : *Dieu seul est vainqueur*. La place est bordée de parapets d'où l'on embrasse la vue magnifique dont nous avons parlé, et commandée par quelques tours carrées et fort élevées. Sur l'un des côtés de cette place, s'élève la façade superbe du palais de Charles V, modèle parfait, quoique inachevé — ruiné avant que de naître — de la renaissance espagnole. Hélas ! il a un autre tort et bien plus grave encore, celui d'avoir empiété sur la merveille arabe, qui lui a cédé la place sous le marteau des démolisseurs. Que ne l'a-t-on planté ailleurs ! Aussi une sorte de fatalité semble-t-elle peser sur ce royal intrus, quelque beau qu'il soit avec son architecture gréco-romaine : il n'a jamais servi qu'aux oiseaux du ciel. Entrez cependant ; vous visiterez avec intérêt son vaste *patio* circulaire, que borde une galerie voûtée soutenue par trente-deux colonnes qui, avec ses niches et ses médaillons, semble avoir été destiné à une sorte de *Walhalla* des gloires de la monarchie germanico-hispanico-romaine. Les débris s'y amoncellent et encombrent déjà ses souterrains magnifiques. Juste châtiment après tout! On a honte de le dire, mais la façade principale de l'*Alhambra*, ce rectangle de 133 mètres de long sur 83 de large, qui était au nord, fut démolie pour faire place à ce hors-d'œuvre qui ailleurs eût fait un très bel ornement. De là, par une porte splendide, on entrait dans la cour des *Arrayanes*, ainsi nommée à cause de sa belle plantation de myrtes, où l'on n'arrive aujourd'hui que par un obscur passage. Elle est désignée encore par le nom de d'*Alberca* (réservoir) ou de *Mezouar* (bains des femmes); c'est un espace de 40 mètres de long sur 22 de large, pavé de marbre de Macael. Là les eaux se jouent délicieusement au milieu des plantes, et se déversent dans un grand bassin de 3 à 4 pieds de profondeur, terminé aux deux bouts par une galerie aux colonnettes monolithes sveltes et gracieuses supportant des arcs moresques. A gauche, les *Archives* et les passages conduisant à l'antique mosquée convertie maladroitement en église vouée à *Sainte Marie de l'Alhambra*. A droite, un vestibule communiquant avec la *célèbre cour des Lions* dont nous parlerons tout à l'heure. « Au fond s'élève majestueusement, comme s'exprime Th. Gautier, la tour de *Comarès* dont les créneaux découpent leurs dentelures vermeilles dans l'admirable limpidité du ciel ». Sous cette tour est la *Salle des Ambassadeurs* à laquelle on accède par une sorte d'antichambre merveilleusement belle, avec ses arabesques et ses mosaïques murales, avec sa voûte de stuc fouillée en stalactites et ornée de couleurs vives. Ce stuc, pour le dire en passant, est d'un grain très fin et très dur à la longue, en même temps que très facile à mettre en œuvre quand il est frais. Il se compose d'albâtre pilé, broyé à la meule comme le blé, à la façon antique, par un cheval qui tourne la manivelle. Il sert à mouler tous les caprices de la fantaisie arabe. Je l'ai vu fabriquer aux environs du palais, tout près de notre hôtel, dans de curieuses petites demeures souterraines semblables à celles des Troglodytes. On l'emploie plus que jamais aujourd'hui sous la conduite du savant et habile conservateur du palais, M. Caretas, qui s'attache à restituer toutes les décorations primitives altérées par le temps ou par d'ineptes substitutions. Ainsi un des plus beaux plafonds arabes avait été, sous Charles V, remplacé par une de ces voûtes renaissance qui jurent avec le reste. On a retrouvé sous celles-ci quelques restes de l'antique disposition qui serviront à la compléter. On y travaillait sous nos yeux. La salle dites *des Ambassadeurs*, la plus vaste de l'*Alhambra*, remplit tout l'intérieur de la tour de Comarès. C'est un carré parfait de 43 mètres de côté sur une hauteur de 18 mètres. Trois fenêtres à embrasure très profonde l'éclairent en outre de la porte. Le plafond en bois de cèdre est enrichi d'une marqueterie merveilleuse aux combinaisons mathématiques si chères aux Arabes. Les murs sont recouverts des dessins les plus délicats, semblables à des guipures superposées, auxquels se mêlent nombre d'inscriptions empruntées au Coran et aux poètes. De la fenêtre du fond vous vous plairez à contempler l'*Albaycin* et les hauteurs qui le suivent dominant le Darro fangeux. Vous irez, par un long et obscur corridor, visiter le *peinador* et le *tocador* ou chambres de toilette de la reine; puis au sommet d'une jolie tour, le *Mirador* ou l'observatoire féminin d'où l'on aperçoit toute la contrée. Dans ce charmant pavillon vous remarquerez de beaux restes d'une décoration à fresque, goût italien, qui ont été abîmés par l'indiscrète manie de tant de visiteurs à graver leurs noms ou de sottes réflexions. Descendons de là, si vous le voulez bien, au *patio* de la *Mezguita*, avec ses jardins délicieux, orné de colonnes de marbre artistement découpées et d'une belle fontaine. Passons aux salles des bains royaux, où nous trouverons intacte l'installation primitive si élégante, et où nous admirerons les antiques *azulejos* qui en revêtent agréablement les soubassements.

Enfin, revenons à la cour des myrtes par laquelle nous sommes entrés, pour pénétrer cette fois dans la célèbre *cour des Lions* et nous y arrêter commeil convient. Rien de plus ravissant. Représentez-vous un parallélogramme de 32 mètres de long sur 20 de large, environné de galeries aux arcs les plus gracieux supportées par cent vingt-huit colonnettes de marbre blanc d'un seul morceau, couronnées par des chapiteaux fouillés et ajourés comme de la dentelle et primitivement dorés et enluminés. Les deux délicieux portiques qui s'avancent aux deux bouts opposés de la cour sont de même décoration. Le sol est dallé de marbre. Au beau milieu de toutes ces splendeurs se dresse la curieuse et typique fontaine qui donne son nom à la cour, et qui jouit dans la poésie arabe d'une réputation sans égale. Elle a été chantée cent fois. La vasque dodécagonale repose sur douze lions héraldiques d'un style tout à fait à part, de pure imagination arabe. Ce n'est pas le lion du désert ; c'est le lion du blason moresque. L'art classique n'a rien à voir dans cette manière absolument fantaisiste de figurer le roi des animaux ; et je me demande si ce n'est pas pour obtempérer à la loi musulmane qui interdit les statues, que l'artiste s'est éloigné si fort de la nature. Cette cour avait beaucoup souffert dans les dernières années. Nous y avons constaté des restaurations fort habiles servant à lui restituer peu à peu son ancienne splendeur. Nous avons remarqué l'ingénieux appareil de frein métallique employé pour redresser les quelques colonnes qui se sont déjetées, notamment sous le portique d'entrée, recouvert depuis peu d'une jolie toiture, peut-être un peu turque, aux tuiles vernissées bleu et blanc. Le portique opposé aura son tour. En attendant, on est occupé à revêtir les murs de moulages en stuc colorié qui faisaient défaut en plusieurs endroits. Restauration facile d'ailleurs, puisqu'on a sous la main les types les plus authentiques.

Nous ne pouvions plus nous détacher de cette merveille dans la grande merveille. On se croirait dans un palais enchanté ; on s'attend à voir paraître la Lindaraja et son royal et terrible amant Boabdil. On s'y livre à la rêverie. Fasciné, on y revient sans cesse, même après avoir visité et admiré tout le reste: et pour peu qu'on ait un grain de poésie dans l'esprit, on invoque la muse.

De la cour des Lions on passe, au fond, au *tribunal*; à gauche, à la salle *de las dos Hermanas*; à droite, à celle des *Abencérages*. Remarquez dans la première, je vous prie, la voûte décorée de peintures, d'un saisissant intérêt archéologique. Vous y voyez d'une part la cour des Lions elle-même avec sa fontaine et nombre de guerriers; de l'autre, le divan où sont réunis les rois mores de Grenade, plus loin, une dame décidant du combat de deux chevaliers. Certes, il reste peu de peintures de ce temps et de ce style. La salle des Deux-Sœurs (*las dos Hermanas*) tire son nom de deux plaques de marbre blanc d'égale et très considérable dimension enchâssées dans son dallage. La voûte surnommée *media naranja* en est aussi belle qu'aucune autre. Au-dessous, un bassin de marbre d'où l'eau jaillissait. Entrez, poussez au fond, vous serez au *Mirador* de la *Lindaraja*, la célèbre favorite de Boabdil, le dernier des rois mores. De ces fenêtres charmantes, vous apercevez un jardin délicieux d'où le profane était banni. Les tendres entretiens n'y devaient point être désagréables... sauf que la favorite était surveillée de près. La salle des *Abencérages* tout aussi belle que la précédente qui lui fait face, doit son nom à la puissante tribu more dont les chefs furent là même décapités tous, selon la légende, par ordre de Boabdil averti de l'adultère de la reine Duraxa avec l'un d'eux; tous, excepté un, dit-on, et évidemment c'était le coupable. En attendant, on vous montre le bassin où les têtes tombèrent l'une après l'autre, et, au bord, une large tache rougeâtre, que le guide complaisant vous dit être la trace du sang. Une tache de sang datant de 1280! c'est digne de Macbeth! c'est raide! comme on dirait aujourd'hui. J'ai remarqué en maint autre endroit la même teinte qui m'a paru être la rouille d'un marbre ferrugineux.

Enfin, pour compléter cet intéressant tableau d'histoire, et saisir en quelque sorte sur le fait la transition du règne musulman au règne chrétien, jetez, avant de sortir de ce palais féerique, un regard sur la *Capilla real*, où se mêlent confusément les inscriptions et les décorations arabes et espagnoles. N'oublions pas, en faveur des amateurs de céramique dont le nombre est légion aujourd'hui, le fameux vase de l'*Alhambra*, le plus ancien et le plus beau monument connu de faïence hispano-moresque. Il est exposé sous la galerie de la cour des *Arrayanes*.

Et maintenant, l'œil et l'esprit un peu fatigués de cette incroyable variété de lignes qui s'enroulent et se déroulent en *arabesques* splendides, reprenons l'air, et faisons le tour des terrasses et de l'enceinte fortifiée à la romaine : certes, il en vaut la peine. Commençons par le côté occidental où débuta la vaste construction résolue par Adhamar le Grand. Voici la tour de la *Vela* dont ce monarque jeta les fondements. Elle est carrée comme les autres et a 22 mètres de haut sur 13 de côté. Elle est surmontée d'un campanile renfermant la fameuse cloche qui tant de fois fit battre le cœur des Grenadins, et qui, tous les ans encore sonne, vingt-quatre heures durant, le joyeux anniversaire de la prise de Grenade, 12 janvier 1492. Quel panorama que celui dont on jouit de sa plate-forme! Que serait aujourd'hui cette ville superbe qui, à l'époque de l'expulsion des Mores par Philippe II, comptait jusqu'à 400,000 âmes, et possédait une industrie, des arts, une littérature si prospères, si la bienfaisante liberté, si une équitable administration y avaient toujours régné! La contrée n'a pas changé : elle est là, belle, fertile et riante comme autrefois. Il est heureux vraiment que la nature n'épouse pas nos querelles, et ne se mette ni en insurrection ni en grève au gré de toutes nos folies! Mais il est certain que le libre jeu, le plein épanouissement des forces humaines peut aller jusqu'à décupler la valeur d'un même sol. La terre obéit à qui la sollicite. Aujourd'hui, Grenade végète, et c'est à peu près tout. Souhaitons-lui de meilleures destinées avec une irradiation croissante de ses moyens de communication. Ni l'intelligence ni les ressources ne lui font défaut.

La tour de *Vela* commande l'antique citadelle de l'*Alcazaba* en ruine bâtie sur l'emplacement du Capitole romain. On y remarque une citerne fameuse par la qualité et la fraîcheur de son eau, et, dans un souterrain profond, une fontaine dont la vasque représente des lions fantastiques en quête de gibier. Quittons l'*Alcazaba* (à Alger, *Kasbah*, forteresse) pour visiter à côté *los Adarres* bastions transformés en jardins, et l'église de *Santa Maria*, édifiée au XVIIIe siècle sur les ruines d'une ancienne mosquée et ornée de tableaux et de statues de provenances diverses. Elle fait face aux restes du *Panthéon arabe* dont on a publié les inscriptions sépulcrales. Signalons encore, et pour finir, quelques-unes des tours les mieux conservées : *de los Carceles, de los Siete Soles, del Agua, de la Infanta,* fort élégante à l'intérieur comme à l'extérieur ; *de los Picos,* aux créneaux aigus (*pics*), que domine *la Puerta de Hierra* (porte de fer), par laquelle on se rend au *Généralife; la casa de Campo,* le pavillon champêtre de l'*Alhambra*. L'enceinte extérieure de l'*Alhambra* mesure en longueur 726 mètres et en largeur 197.

Poursuivons notre pèlerinage jusqu'au *Généralife* auquel on se rend commodément en un quart d'heure par un chemin ombreux qui descend en un vallon charmant. Quelque délabré qu'il soit, ce délicieux palais d'été vous captive au plus haut degré. Vous vous souvenez de l'enthousiasme de Gautier pour ce séjour délicieux, Citons le : « Le véritable charme du *Généralife*, ce sont ses jardins et ses eaux. Un canal, revêtu de marbre, occupe toute la longueur de l'enclos, et roule ses flots abondants et rapides sous une suite d'arcades de feuillages formées par des ifs contournés et taillés bizarrement. Des orangers et des cyprès sont plantés sur chaque bord ; au pied de l'un de ces cyprès d'une monstrueuse grosseur, et qui remonte au temps des Mores, la favorite de Boabdil, s'il faut en croire la légende, prouva souvent que les verrous et les grilles sont de minces garants de la vertu des sultanes.

Les eaux arrivent au jardin par une espèce de rampe fort rapide, côtoyée de petits murs en manière de garde-fous, supportant des canaux de grandes tuiles creusés par où les ruisseaux se précipitent à ciel ouvert avec un gazouillement le plus gai et le plus vivant du monde. A chaque palier, des jets abondants partent du milieu de petits bassins et poussent leur aigrette de cristal jusque dans l'épais feuillage du bois de lauriers, dont les branches se croisent au-dessus d'eux. La montagne ruisselle de toutes parts; à chaque pas jaillit une source, et toujours l'on entend murmurer à côté de soi quelque onde détournée de son cours qui va alimenter une fontaine ou porter la fraîcheur au pied d'un arbre. Les Arabes ont poussé au plus haut degré l'art de l'irrigation; leurs travaux hydrauliques attestent une civilisation des plus avancées; ils subsistent encore aujourd'hui, et c'est à eux que Grenade doit d'être le paradis de l'Espagne et de jouir d'un printemps éternel sous une température africaine. Un bras du Darro a été détourné par les Arabes et amené de plus de deux lieues sur la colline de l'Alhambra (1). »

Tout cela est vrai ; le *Généralife*, l'ancien palais des fêtes des belles nuits et des douces conversations, a été singulièrement négligé et abandonné aux ravages du temps. Espérons que la main diligente qui préside à la restauration de l'Alhambra, saura aussi lui rendre son antique splendeur. En attendant, jouissons de la vue magnifique qu'on y découvre dans tous les sens. On embrasse l'immensité de la *Véga;* on croit, grâce à l'admirable transparence de l'air, avoir sous la main la blanche *Nevada* avec son pic de *Mulhacen*. On aperçoit au loin, au fond de la plaine, le mont *Suspiro del Moro,* d'où Boabdil jeta, en soupirant, et allant chercher de nouveaux combats sur la terre africaine, — et qui dira les haines qu'il y a, lui et les siens, fomentées contre la cruelle Espagne — un dernier regard sur sa belle Grenade. On suit merveilleusement toute la configuration de l'Alhambra et sur tous les points ou découvre les restes éclatants de la souveraineté et de l'opulence des Mores. On éprouve un regret profond; c'est que les hommes aient

(1) Th. Gautier, pages 235, 236.

presque toujours opposé fanatisme à fanatisme. La guerre, toujours la guerre! Cercle vicieux épouvantable! *Scutum opponebant scutis.*

Tantum religio potuit suadere malorum!

Nous n'avons pas tout dit. Notre obligeant cicerone proconsulaire nous répétait volontiers qu'il fallait du temps pour s'orienter dans tous ces méandres, où il découvrait sans cesse de nouvelles attractions; ainsi au pied du *Généralife*, la fontaine *del Avellano* si bien chantée par Chateaubriand qui la compare à la fontaine de Vaucluse. Mais nous avions encore un objectif, qui bien souvent, du haut de l'Alhambra, avait captivé notre regard curieux, je veux dire l'Albaycin avec son épaisse crinière de figuiers d'Arabie, ses habitations curieuses, la plupart en souterrains, dites *del Sagro Monte*, « où le gitano grouille »; son couronnement de murailles arabes et sa perspective qui devait nous faire embrasser tout l'ensemble des lieux enchanteurs que nous venions de parcourir avec tant d'émotion. Nous nous donnons rendez-vous pour le lendemain matin. Le soir, après dîner, nous nous rendons à un café-concert, où nous entendons au milieu d'un public nombreux et paisible (d'aucuns envoyaient d'en bas des baisers aux dames des galeries), des chants populaires tout empreints de la mélancolie arabe, et où nous voyons deux ou trois... péronnelles se déhancher de la manière la plus désagréable sous couleur de danse de caractère. Sau le nu, qui heureusement n'était pas de *mise*, c'était tout à fait digne — j'en demande pardon à ta grande ombre, ô Carpeaux! — du fameux groupe de l'Opéra.

Le lendemain, heure dite, par une chaleur plus que suffisante pour la saison, nous descendons de nos hauteurs olympiennes, traversons la place Neuve, remontons le long du Darro fougueux, rive gauche, et gravissons, par une assez bonne route, les premières rampes de l'Albaycin, au pas cadencé de nos deux bons chevaux.

Voulez-vous de la couleur locale? En voici : on en a mis partout. Et d'abord c'est l'Alhambra tout entier, montagne, forteresse, palais et verdure, dont on suit toutes les dispositions, dont on goûte l'harmonie, car tout y fait corps; dont on admire les tons chauds et vigoureux se détachant sur le ciel bleu, et quel bleu! Puis c'est la ville qui se présente sous un point de vue nouveau, se déroule à vos pieds dans sa douce et voluptueuse indolence, et étale au loin ses belles promenades.

C'est le jeudi qu'il faut aller au *Paseo*, pour voir la belle société. Enfin, c'est le village gitanesque où notre entrée fait sensation et met en branle une bande nombreuse de bohémiens bon teint, à l'œil intelligent et vif, aux mouvements souples et prompts comme ceux de nos prétendus ancêtres de la race simienne, à l'air résolu et impertinent. A mesure que nous montions, leur nombre augmentait. Ils nous demandent tous l'aumône, moitié riant, moitié pleurnichant de leur prétendue disette : *Un maravédi para me che tiengo mucho hambre,* criaient-ils à l'envi. L'un deux apostrophant Mme Cornil (c'était un esprit fort) : « Toi, tu as mangé souvent du jambon, moi jamais! » et autres fariboles. Arrivés à la place de l'église (celle-ci vaut qu'on y entre), nous étions littéralement assaillis. Nous ne voyions, nous n'entendions plus qu'eux. Je m'éloigne un instant pour rassasier mes yeux. Vain espoir! Tout à coup, ils accourent à moi comme un essaim de guêpes, m'appellent millionnaire, et me chantent pouilles. Que s'était-il passé? Mme Cornil et notre jeune proconsul avaient eu l'ingénieuse idée de déclarer à ces hardis moineaux qu'ils perdaient leur temps auprès d'eux, et que c'était sur moi, *riccissimo*, qu'ils devaient se rabattre. Jugez de l'hilarité! le tour avait admirablement réussi. Touristes, n'oubliez pas, si vous voulez faire des heureux, de remplir votre poche de *maravédis* et même d'amandes : rien ne sera perdu ; j'en ai fait l'expérience, et l'on vous donnera, pour la peine, un fandango gitano.

Notre docteur avait un rendez-vous avec un professeur de l'École de médecine pour aller visiter *la Léproserie,* qui compte une soixantaine de malheureux pensionnaires, les deux tiers d'hommes. Bien que je fusse aussi tenté de l'y accompagner, le soin qu'il voulut bien me laisser de ramener Mme Cornil à l'hôtel pour le déjeuner où il devait nous rejoindre, me parut encore plus digne d'envie. Notre savant histologiste nous rapporta bientôt après le fruit de ses observations. Il avait même en poche un flacon renfermant quelques fragments de desquamation qu'il devait soumettre à l'examen le plus minutieux. Je pensais, moi, au *Lépreux de la Cité d'Aoste,* ce chef-d'œuvre de X. de Maistre ; je sentais se raviver en moi les émotions que, à seize ans, j'avais si vivement ressenties en le lisant. Et que de fois je l'ai relu depuis ! Plus que jamais je partageais la sympathie ardente de l'illustre et sensible écrivain pour les victimes de « ce mal irrémédiable ». Cependant, nous dit notre non moins sympathique docteur, ces infortunés ne sont pas trop malheureux étant d'ailleurs très bien traités et s'accoutumant à leur état.

Tout en conversant, nous reprenons le chemin de l'Alhambra où nous passons notre après-midi, jouissant mieux encore que la veille de tout ce qui nous entoure. Tandis que l'aimable couple croque à l'envi, je tire mon crayon et essaye à mon tour une esquisse d'après nature. La voici, sans prétention. Point n'est besoin de dire que je la dédiai à M. et à Mme Cornil en retour de leur obligeance pour moi, qui devait se signaler encore en plus d'une rencontre.

A GRENADE

Grenade si jolie,
Ouvre ton sein vermeil;
Berce en un doux sommeil
Mon âme endolorie.

Conte-moi ton passé,
Ses splendeurs et sa gloire;
Les fastes de l'histoire
L'auront moins bien tracé.

Verse-moi tous tes charmes ;
Je veux boire à longs traits,
Savourer tes attraits ;
Je veux bannir les larmes.

Voici venir la nuit ;
La lune nous éclaire ;
Profitons du mystère,
Éloignons-nous sans bruit.

Où vas-tu me conduire?
Sera-ce à l'*Alhambra*
Voir la *Lindaraja*
Qui dans l'onde se mire?

Aux bois délicieux
De ton *Généralife*,
Ou, sur quelque hippogriffe,
Au plus profond des cieux?

Ou dans ta cathédrale,
A l'orgue somptueux
Qui vit, mélodieux,
Ou s'éteint comme un râle?

Sera-ce à l'*Albaycin*
Où le *Gitano* grouille,
Mendie et chante pouille
Au nez du *Mulhacen?*

Là-bas, sur la montagne,
Al Suspiro del Moro,
Où, victime et bourreau,
Boabdil fuit l'Espagne ?

Ou, bien plus haut encore,
Au pic de la Névade,
Cette vaste esplanade
Brillant d'azur et d'or ?

....

....

A ta Léproserie
Conduis-moi par la main :
Je veux du genre humain
Voir la peine infinie.

Je le veux déplorer
Ce mal irrémédiable,
Invention du diable ;
J'ai des yeux pour pleurer.

On sait que, selon l'Écriture, le patriarche de la patience, Job, fut frappé de ce mal par Satan qui se faisait fort de l'entraîner au désespoir et au blasphème. Je doute qu'il pût mieux choisir son auxiliaire contre l'innocente victime, après lui avoir dérobé fortune, parents, amis, famille. Mais Job se contenta de gémir et de repousser ses juges téméraires qui, comme tant d'autres aujourd'hui, concluent du malheur à la culpabilité : il fut inébranlable. O homme, que te sert-il de te désespérer! Sois plus grand que la fortune, plus grand même que la justice ou l'injustice des hommes! Crois en un Dieu de miséricorde dont les desseins nous échappent souvent.

Avant de quitter Grenade, peut-être serons-nous bienvenu, en un temps où la *curiosité* fait fureur, de rappeler qu'on trouvera, dans cette ville riche de souvenirs, et en particulier à l'Alhambra, chez le gardien, bien des meubles, des soieries et des objets d'art propres à tenter, Nous signalerons même un intelligent curé auquel nous présenta M. de La Morlière, et qui occupe utilement les ouvriers à la restauration de vieux meubles arabes ou hispaniques dont il a rempli son presbytère. Il les cède à un prix fort honnête, nous en avons la preuve. Par exemple, il ne faut pas y aller à neuf heures du soir comme nous. Il y avait de la lumière ; nous carillonnons, frappons : vains efforts. Et cependant nous entendons une voix qui sans doute nous criait : *Quien es?* A quoi nous devions répondre : *Paz* (paix) — et nous l'ignorions — nous ne pûmes entrer.

CHAPITRE SIXIÈME

ALCAZAR, MURCIE, CARTHAGÈNE

(LE CONGRÈS D'ALGER)

ADIEUX A L'ESPAGNE

Nous devions être le 15 avril à Carthagène, pour nous y embarquer à midi. Nous aurions pu nous rendre à Malaga et y prendre le bateau pour Carthagène ; mais, surtout en temps d'inondation, cela nous parut trop chanceux. La voie de fer était plus sûre : mais elle est bien longue ; elle va par des détours insensés ; il faut revenir à Cordoue, remonter à Alcazar, et suivre là la ligne de Madrid qui passe par Albacète et Murcie. C'était l'affaire de trente-six bonnes heures avec changements fréquents de trains. Mes compagnons de route n'eurent point à en souffrir si ce n'est de fatigue ; car ils avaient, pour parcourir plus librement l'Andalousie, expédié à Carthagène le gros de leur bagage et gardé seulement le nécessaire à la main. J'eus, pour mon compte, une désagréable émotion causée par l'incurie d'un employé qui n'avait pas mis ses lunettes. Nous partons de Grenade, le mercredi 13 avril, à six heures du matin, en regrettant de ne pouvoir aller jusqu'à Cadix la belle. Je prends mon billet pour Alcazar, où nous devions nous arrêter plus d'une heure et changer de train. Quelle n'est pas ma surprise en présentant, à mon arrivée à cette station, mon reçu de bagage, de m'entendre dire par le chef de gare lui-même : « Où allez-vous, Monsieur ? — A Carthagène, et je désire faire enregistrer mon bagage. — C'est bien, prenez votre billet; soyez sans inquiétude : votre bagage vous suivra. Donnez-m'en le reçu à destination d'Alcazar. — Ah ! mais non, vous l'avez vu, il doit suffire; je ne donne jamais un reçu sans la chose reçue. » Me voyant si ferme : « Eh bien ! Monsieur, soit; il faut vous le dire : Votre bagage a été, *por equivocazione*, déchargé à moitié route, à Andujar : je vais y télégraphier pour qu'on le fasse suivre. — Mais l'aurai-je du moins à temps, car je m'embarque pour Oran après-demain à midi ? — Peut-être, mais on vous l'expédiera où vous voudrez. » Jugez comme ça m'allait, à moi, qui ne comptais rester guère que peu de jours à Alger ! Et puis qui me disait que je reverrais jamais ma malle et ma boîte à chapeaux, toutes neuves et bien remplies ? Perplexe, je déclare à mes fidèles et compatissants témoins que je vais être, à regret, obligé de leur fausser compagnie pour attendre mon bien, et que je les rejoindrai, si possible, à Carthagène. Ils m'en dissuadent, estimant judicieusement que si j'étais réduit au sort de Bias, il valait encore mieux pour moi faire mon voyage projeté et m'approvisionner à Alger, « capitale à ressources, » que de rentrer bredouille. Je me rends, touché d'ailleurs de ce qu'il y avait d'aimable dans cet avis ; et, gardant mon reçu et même mon billet pour Alcazar, prends ma place pour Carthagène, et continue ma route, après avoir réitéré mes recommandations. Ah ! le mauvais quart d'heure que je passe, tout en riant et en faisant bonne mine à mauvais jeu ! Mais, en fait de jeu, nous avions, la veille, à notre dernière visite à Grenade, acheté les cartes les plus originales du monde, avec lesquelles Mme Cornil daigna m'apprendre l'écarté, ce qui me fit oublier mes ennuis. Puis, apparemment pour former mon caractère, « Monsieur le mécréant, me dit-elle, si vous n'aviez pas parlé si irrévérencieusement de saint Antoine de Padoue, patron des affligés, dans votre situation si intéressante, je lui adresserais des vœux pour qu'il vous fît retrouver votre bagage. — Eh bien, Madame, je préfère que vous ne lui en adressiez pas ; car si, par malheur et pour cause, mes effets sont perdus, cela tournerait à sa confusion... et à la vôtre ; tandis que si je les récupère, je pourrai du moins continuer à croire, en incrédule, que l'on peut à la rigueur se passer de saint Antoine. » — Et la conversation allant sur ce ton, vous jugez que je ne risquais guère de m'ennuyer. Fort heureusement ; car la chaleur était suffocante, les moyens d'existence étaient rares et mauvais, et le pays ne présentait rien de particulièrement intéressant. Cependant, je ne voudrais pas le jurer : je crains encore qu'un fond de mélancolie ne m'ait fait voir tout un peu en noir. La nuit a dû me rasséréner, car je me rappelle, au matin, la jolie ville de Hellin, avec ses 10,000 âmes, à 348 kilomètres de Madrid, avec sa belle et riante vallée au delà de laquelle, au confluent du *rio Mundo* et du *Segura* que nous laissions à distance, un voyageur complaisant me signale les importantes mines de soufre exploitées déjà par les Romains, ces vaillants explorateurs qu'on retrouve partout. Aussi, à quelques lieues plus loin, à *Archena*, où s'arrête le train, y a-t-il une station balnéaire très fréquentée d'eaux sulfureuses très efficaces. Le voyageur obligeant qui nous aidait à bien voir, était un jeune et savant professeur de droit canon, qui nous parlait de Mlle Louise Michel comme si elle allait mettre la France à deux doigts de sa perte. Nous le rassurons sans dire trop de mal de notre héroïne, victime si intéressante de la férocité des hommes !...

Nous traversons une contrée fertile et pittoresque (je commençais à prendre mon parti en brave), au pied de montagnes rocheuses, plantée sur une vaste étendue, de blés, de vignes, de mûriers, d'aloès, de nopals et de palmiers qui vous rappellent de plus en plus l'Afrique. Nous voyons fuir sous nos yeux d'antiques et vénérables monuments : le célèbre sanctuaire de la *Fuen Santa*, des couvents, des châteaux-forts, et arrivons enfin, vers six heures, à la célèbre ville de Murcie (90,000 habitants, à 460 kilomètres de Madrid), capitale de la province du même nom, dont les terribles inondations ont excité, il y a deux ans, à si haut point les sympathies françaises. Nous nous y arrêtons.

Nous avons le temps de contempler de loin la haute tour de la cathédrale (146 mètres), avec sa succession de styles divers, et d'admirer ces riches, ces superbes jardins, si bien irrigués, comme au temps des Arabes, qui environnent la ville d'ombre et de fraîcheur, et peuvent rivaliser avec ceux de Valence et de Grenade. Mais, à vrai dire, un autre intérêt nous dominait : nous avions faim, et nous ne trouvons que des bribes : mais des oranges, en veux-tu en voilà, et des meilleures. La récolte en est très importante dans cette belle contrée. On les trouve d'ailleurs partout en Espagne, et dire ce que nous en avons consommé paraîtrait certainement hyperbolique. Dame Nature a bien su ce qu'elle faisait en semant à profusion ce fruit exquis en un pays où l'on a toujours soif et encore soif. Chaque fois que nous montions en wagon : « Avez-vous des oranges ? » s'écriait d'une voix à fendre l'âme Mme Cornil qui en dévorait à elle seule plus que nous deux.

Donc, nous soupons avec des oranges. Nous contournons la ville 10 à 12 kilomètres durant. Peu après, l'aspect du pays change totalement. Plus de cultures, des montagnes renversées, une espèce de chaos de roches grisâtres, qui ne manquent pas de caractère et de grandeur surtout par un lumineux coucher de soleil. Enfin, au delà de la station de *Basilcas*, on côtoie un grand et beau lac de mer, séparé de la Méditerranée par une langue de sable de 500 mètres de largeur, et bordé de jardins délicieux. Encore une station, *La Palma*, et la voie, longeant le pied des remparts de Carthagène au nord-est, en fait le tour vers l'est. Nous sommes en gare; à 525 kilomètres de Madrid, sur les bords de cette Méditerranée si belle comme mer, si belle encore comme berceau des civilisations les plus avancées ! Nous avions eu du retard. Il était dix heures du soir; et, dans aucun hôtel (il n'en manque pourtant pas dans ce port de commerce important), pas une chambre ! Pourquoi? Ah ! c'est que nous étions au jeudi saint. Or le jeudi et le vendredi saint sont les deux grands jours de Carthagène, où, après Séville, les fêtes pascales sont les plus brillantes de toutes les Espagnes, et où affluent les curieux. Mais à l'*hôtel de France*, le premier de la ville, où nous pûmes prendre nos repas, on nous indiqua dans le voisinage, un manoir seigneurial, antique et solennellement armorié, où, chez de modestes et honnêtes locataires, nous trouvons, tout en haut, deux bonnes chambres, mal fermées par exemple, et tous les égards dus à de pauvres voyageurs éreintés. On nous apprend en même temps que le bateau à vapeur retarde d'un jour son départ pour Oran, ce qui, sans nous faire perdre davantage du Congrès, fermé le jour de Pâques, nous donnait tout le temps de bien voir et la ville et la fête, et me laissait l'espoir d'avoir mon bagage en temps opportun.

Nous étions installés à onze heures et comptions nous livrer en aveugles aux douceurs du repos. Mais à Carthagène, *l'homme propose et le clergé dispose*. Nous étions à peine endormis que, sur le coup de minuit, une musique grave, lugubre nous éveille. Je me mets à mon balcon, et vois défiler au détour de la rue, à la lueur des torches, toute la procession qui devait recommencer le lendemain matin à dix heures, et parcourir toute la ville. Force nous fut de ne dormir que d'un œil, comme M. Jabot, avec la faculté de changer d'œil. Le lendemain nous sommes amplement dédommagés par le spectacle le plus étrange, j'aurais dit le plus carnavalesque, si n'était la crainte de la profanation, mais en tout cas, le plus curieux. Toute l'histoire de la Passion se déroule sous nos yeux, en chair et en os : le Sanhédrin, le peuple juif, les soldats romains armés, une multitude innombrable de pénitents de toutes les couleurs ; avec accompagnement de statues pompeusement parées représentant le Christ, les Apôtres, les saintes Femmes ; de reliquaires, de joyaux précieux ; enfin de cette musique triste et impressive qui me tinte encore aux oreilles. Les rues étaient encombrées ; toute circulation était impossible. La ville entière était à la procession. J'ai vu ce défilé depuis A jusqu'à Z, planté deux heures sur le bord d'un trottoir, à côté de M. Léon Renault et de son jeune fils avec qui j'ai eu le plaisir d'échanger mes impressions. Nous étions bien d'accord ; tout cela est-il vraiment religieux ? Non, c'est un prétexte à mascarades. Et puis des soldats romains, et des membres du Sanhédrin, et des pénitents enfroqués, fumant quelques-uns la cigarette, s'aspergeant tous très pieusement de la cire de leur cierge ; et se prélassant, l'après-midi, chez les marchands de vin : ça peut avoir de la couleur, mais ça n'est pas édifiant, ça manque totalement de sérieux. La prétention même à la dignité ajoute au grotesque. Il y avait pourtant quelques types très remarquables, hommes, femmes, enfants surtout, dans le cortège.

Après le déjeuner, nous nous apprêtons à visiter la ville, le port, les fortifications. Mais, avant tout, nous allons réclamer nos bagages à la gare qui est assez éloignée. Il était deux heures, le mien venait d'arriver; tout était à notre disposition. Seulement le chef de gare me présente une note de 36 réaux (9 fr.) : « Ah! la bonne plaisanterie, lui dis-je; mais voici mon billet de première et mon reçu constatant, d'une part, que je n'ai aucun surpoids, de l'autre, que mon bagage a été enregistré non pour Andujar, mais pour Alcazar. C'est à moi qu'il appartiendrait de réclamer indemnité pour dérangement. » Longs pourparlers, après lesquels mon homme, me donnant pleinement raison et ne pouvant prendre sur lui de me faire justice, s'avise de recourir à un préposé supérieur de l'administration qui aussitôt me fait verbaliser et signer ma protestation et garde mes pièces à l'appui. Le chef de gare daigna même reconnaître que j'avais rendu service à la compagnie en refusant de payer, et, pour preuve, il nous offrit une carafe d'eau glacée vraiment excellente (elle a son renom) accompagnée d'un dialogue vif et animé où Mme Cornil, qui avait bien voulu plaider pour moi — je veux dire pour la compagnie — brilla de tout son espagnol.

Carthagène est un beau port, le plus vaste de l'Espagne après celui de Vigo; une place forte de premier ordre défendue par de hautes montagnes couronnées de forteresses imposantes, un arsenal de très haute importance, un vaste chantier de construction maritime. C'est le point de communication le plus direct avec l'Algérie. Les mines qui l'entourent, mieux exploitées, pourraient, dit-on, être d'un beau rapport. Les amas de scories laissés par les Romains, à eux seuls, s'afferment pour des sommes considérables. La ville est accidentée et offre de beaux points de vue; elle compte aussi des places et des monuments remarquables. Le lendemain matin, à onze heures, du bord de l'*Abd-el-Kader*, nous jouissons longtemps, en nombreuse et agréable compagnie, de l'aspect de cette rade vraiment grandiose, qui rappelle, sans l'égaler pourtant, celle de Marseille. Nous jouissons aussi, et sans malaise, d'une belle traversée sur le flot moutonné de cette mer dont nous sommes appelés à coloniser, à civiliser les bords africains. L'affaire de Tunisie nous préoccupe, et nous en craignons un peu les contre-coups. La politique, française ou espagnole, un long entretien sur la loi suprême de l'art que j'eus l'avantage d'ouvrir, au haut de la dunette du capitaine, avec MM. Léon Renault, Le Pic (ce dernier occupé à peindre le premier dans son cadre flottant) et un éminent publiciste de Paris, défrayent nos loisirs. Et nous arrivons ainsi, sans nous en douter, à neuf heures du soir, à Oran, charmante ville, délicieusement située et étagée, en amphithéâtre, au bord de la mer, où nous avons peine, les bons hôtels étant remplis, à trouver un gîte. Et quel gîte! Un malin Anglais qui venait d'occuper ma chambre, avait eu l'ingénieuse idée d'y laisser, en manière d'avis au lecteur, sa bougie avec une épingle y fixée en brochette d'un nouveau genre attestant les hôtes incommodes de la nuit! — Pouah !

Le lendemain, à dix heures, c'était le dimanche de Pâques, nous prenons le chemin de fer d'Oran à Alger, accompagnés par le nouveau préfet de la province, M. Laugier, qui nous fait avoir le dernier compartiment du train avec plate-forme à l'arrière, d'où nous embrassons sans obstacle le bel horizon fuyant devant nous. J'admire surtout les nouvelles et heureuses cultures de la vigne qui seront une source de prospérité croissante pour notre belle et coûteuse colonie. Je vois au loin voler comme le vent, sur leurs infatigables coursiers, des Arabes enveloppés de leurs burnous, qui m'inspirent quelque inquiétude. Mais tout à coup, vers une heure, des bouffées de chaleur lourde accompagnées de tourbillons de poussière nous forcent à fermer tout hermétiquement. C'était la siroco : ah! quelle chaleur! En moins de rien notre thermomètre monte de 25 à 36. Nous nous regardons alourdis, et involontairement nous tirons la langue comme le chameau du désert. Nous sommes, à dix heures, en vue d'Alger où nous entrons émerveillés de l'aspect de sa rade avec ses deux phares de la Pescade et de Matifou, brillants comme des étoiles; de sa nouvelle ville bâtie en terrasse monumentale avec ses arcades à la façon de la rue Rivoli, et surtout de son antique Kasbah, vaste coupole de marbre blanc à facettes cubiques qu'argente le clair de lune. Nous logeons au bel *hôtel d'Orient* où nos chambres avaient été retenues, et dormons à peine par un vent violent de tempête. Nous jouissons encore deux jours du Congrès qui finit le mardi 19 avril, à midi. M. Cornil lui apporte le tribut apprécié de sa science. Les sections, au nombre de douze, sont logées commodément au Lycée, bel et vaste établissement, dans les classes rangées autour d'une grande cour plantée. Je ne puis qu'effleurer, et je ne saurais même, sans sortir de mon cadre, *l'Espagne,* faire autre chose ici. Qu'il me soit permis d'ajouter que l'organisation de ce vaste ensemble de discussions fort instructives (et que de peine elle a dû coûter!) n'a laissé rien à désirer et que dans plusieurs sections, par exemple en minéralogie et surtout en économie politique, on s'est occupé utilement des questions relatives à la colonie. Les liens entre la métropole et ses enfants jaloux, au loin, de sa sollicitude, ont été resserrés. Je ne dirai rien des belles fêtes, des brillantes réceptions qui nous furent offertes, de l'accueil empressé, généreux dont nous fûmes les objets, non plus que de nos intéressantes excursions. D'autres parleront, et mieux que je ne puis faire, de notre chère et belle Algérie si agitée en ce moment. Je résume mes impressions dans une courte improvisation tracée « dans les horreurs » d'une mauvaise traversée d'Alger à Marseille; je la donne pour ce qu'elle vaut :

ALGER

La tête dans les cieux,
Recouverte de voiles,
Un bandeau sous les yeux,
Deux brillantes étoiles;

Et ses pieds nus dans l'eau
Reflétant l'empyrée :
Alger, c'est un tableau,
C'est la femme éthérée,
A l'air mystérieux,
Au regard pur, limpide,
Captivant de son mieux
Le pèlerin rapide.

Sultane de la mer,
Tu tiens sous ton empire
Le noir fils du désert,
L'Arabe qui soupire,
Le Sémite pieux,
Et les colons sans nombre
Qui, de sous tous les cieux,
Viennent chercher ton ombre.
Dans ton sein réuni,
Le Congrès des sciences
Nous proclame à l'envi
Tes justes espérances.

Le Français, ton vainqueur,
Est aujourd'hui ton frère.
Il règne avec son cœur,
Par ses lois, sa lumière ;
Dans ta belle Kasbah
Un peuple entier fourmille,
Abdiquant les combats,
Vivant comme en famille.

Des bouts de l'univers
Arrivent dans ta rade,
Cent navires divers,
Qui semblent en parade.

Tes champs sont cultivés ;
J'y vois fleurir la vigne,
Près des monts élevés,
Courant en droite ligne
Et frangeant l'horizon
De leurs forêts profondes,
Où j'entends le doux son
Des oiseaux et des ondes.
L'industrie à son tour
Sur tous les points commence,
Et te promet un jour
Une fortune immense.

Accueille ces semeurs ;
Laisse à de lointains âges
Les bandes d'écumeurs
Infestant tes rivages,
Bords inhospitaliers,
Que le plus intrépide,
Ainsi que des halliers,
Fuyait d'un vol rapide.
La Civilisation
T'ouvre enfin la carrière ;
Prends, jeune nation,
Ton rang sous sa bannière.

9***

Vivons en paix, amis;
Tous les peuples sont frères,
N'ayons pour ennemis
Que les maux et les guerres.
En avant ! le progrès
S'impose à la pensée.
Stériles les regrets
Et la lutte insensée !
Travaillons ; nos efforts
Vaincront tous les obstacles,
Répareront les torts
Et feront des miracles.

J'avoue que j'ai cherché à populariser ces sentiments dans mes fréquents entretiens dans les rues, les magasins, les bazars, et non sans écho. A un jeune et intelligent indigène, qui m'engageait à prendre, en nombreuse compagnie, une de ces tasses microscopiques de café noir comme l'encre : « Vous êtes Arabe ? — Non, me répondit-il (était-ce un malin ?), Français, car nous aimons la France qui nous veut du bien, surtout depuis qu'elle est République. » Je n'invente pas. Mais je déplore autant que personne que nous en soyons, encore à l'heure qu'il est, réduits à réprimer des insurrections funestes pour la colonisation.

Mais pardon, lecteur. Je reviens à notre Espagne dont je me suis écarté un instant. J'ai regret de n'avoir pu vous conduire à Malaga, à Alicante, les belles villes des bons vins ; à Valence, chef-lieu de la province du même nom, avec ses 110,000 habitants, ses beaux monuments, anciens ou modernes, ses florissantes industries, ses promenades, ses jardins féeriques, ses pommes des Hespérides aussi belles que les Hespérides elles-mêmes ; et, sans parler de bien d'autres lieux, à Barcelone, où A. de Musset a vu

Une Andalouse au teint bruni,

à la brillante capitale de la Catalogne, vraie cité moderne, riche, élégante, commerçante et prospère, avec ses 270,000 habitants où l'on compte tant d'étrangers et surtout de Français, avec son climat si bénin, ses promenades ravissantes... A vrai dire, je souhaitais beaucoup d'y aller. J'avais même en poche tous mes billets (50 %) pour la côte occidentale d'Espagne. Et puis, fatigué des chaleurs précoces et rassasié d'impressions et de souvenirs, je n'ai pu résister à l'attrait d'une traversée, en compagnie nombreuse et distinguée, d'Alger à Marseille, où nous devions,

M. et Mme Cornil et moi, nous séparer pour nous revoir à Paris. *La Guadeloupe* revenant des Antilles avec des parfums peu arabes, avec sa machine trémoussante, avec sa marche lourde et lente, avec son encombrement, trompa, il est vrai, quelque peu notre attente.

Nous voguons deux longs jours ; nous avons sous les [yeux
L'infini sur la mer, l'infini dans les cieux...

Ce qui certes ne manque pas de grandeur. Et de quel œil, après quarante-huit heures de mer... et aussi d'estomacs soulevés par un mistral violent, et par conséquent vent debout, nous te saluons, ô brillante, ô merveilleuse cité phocéenne, pour moi si pleine de souvenirs et d'affections !

Et oui : Vive la France ! m'écriai-je, y compris la France africaine, et vive aussi la République, pourvu qu'elle fasse le bonheur et la grandeur de notre belle et noble patrie si douloureusement éprouvée !

Et maintenant, après la patrie bien-aimée, tous mes vœux à l'Espagne. J'ai appris à la mieux connaître ; je l'ai souvent goûtée et admirée en l'envisageant sous bien des faces diverses. Membre d'un congrès important qui s'est occupé spécialement de l'homme préhistorique, et persuadé que l'étude de l'homme vivant, et en particulier celle de notre voisin le plus proche, si fréquemment mêlé à notre histoire, n'a pas moins d'attraits, je me suis attaché à le montrer, à le faire mouvoir, sur son propre terrain, dans ses plus grandes cités, au sein d'une nature tour à tour pittoresque ou grandiose, riante ou sauvage, et sans négliger le côté descriptif ou artistique. Tout cela, je le sens, n'est qu'une esquisse. A vous, lecteurs bienveillants, d'achever le tableau, si vous entreprenez (et vous ne vous en repentirez pas) le même voyage. Cependant, peut-être m'est-il permis de croire que j'en ai dit assez, pour espérer que mes vœux trouveront de l'écho dans vos âmes. A nos amis d'outre-monts je dirai donc pour finir :

Vous êtes, les favoris du ciel, en voie de progrès malgré tous les esprits chagrins qui pourraient le nier. Vous avez, à travers bien des épreuves et au prix de bien des souffrances, conquis quelques libertés précieuses, celle de la presse entre autres, du moins dans une certaine mesure. Mais, amollis depuis des siècles, et déshabitués du travail par des conquêtes et des richesses trop faciles ; perchés sur d'antiques préjugés de haute noblesse qui ne vous permettent pas toujours de mettre la main à la charrue, voire même à la pâte, de condescendre à ramasser les dons enfouis dans votre sol; entravés encore par un système douanier oppressif sous couleur de protection, vous avez à surmonter bien des obstacles pour donner à votre commerce, à votre industrie, à vos travaux publics tout le développement dont ils sont susceptibles. Tantôt endormis aux cantilènes et tantôt fanatisés au son des trompettes guerrières d'un parti dominateur et rétrograde, vous avez à le vaincre par la libre discussion et par le généreux épanouissement de vos facultés. Vous avez à le contraindre ou plutôt à l'amener, par l'usage pacifique et résolu des libertés acquises et sans cesse étendues, à entrer, lui aussi, dans l'œuvre commune du relèvement national et de la prospérité publique favorisée par l'essor de la science et des arts.

S'il s'en écarte, vous devez le contenir. S'il y revient, et sans feintise, vous devez l'encourager. Il vous faut mettre un terme aux rivalités, aux préventions de frontières et de partis qui vous affaiblissent et qui n'ont plus aucune raison d'être aux temps où nous vivons. Votre gouvernement peut et doit vous seconder dans cette fusion intime des éléments qui composent l'unité nationale, dût-elle même avoir la forme fédérative. Jusqu'à présent il a cru devoir ménager la transition à un ordre de choses plus séculier, plus vraiment national. Le moment est, ce semble, venu pour lui d'arborer plus franchement le drapeau de la mère patrie, et, s'il le faut, d'engager plus sérieusement la lutte contre tous ceux qui voudraient lui susbtituer une faction; d'infuser aux dignitaires, à l'administration tout entière un esprit plus conséquent et plus libéral, et de choisir mieux ses délégués. On reproche à ces derniers, non sans raison, et nous l'avons entendu maintes fois, d'être encore en général trop inféodés à la routine, au vieux système clérical, qui prétend toujours enrayer, au risque de casser l'essieu ou de faire que les chevaux s'emportent. Ces chevaux aujourd'hui ce n'est pas les ministres; ils sont les conducteurs: c'est le peuple lui-même assemblé dans la personne de ses représentants, et marchant à la conquête d'un suffrage plus libre.

« On ne s'appuie que sur qui résiste », disait Fontanes à Napoléon Ier qui, en absolutiste, n'aimait pas trop qu'on lui résistât. Les flatteurs, plus royalistes que le roi, sont les premiers à perdre la royauté. Qu'est-ce qui empêcherait que ses amis plus avisés, profitant d'une accalmie où l'on ne saurait les accuser d'obéir à la peur, cette mauvaise conseillère des peuples et des rois, ne fissent à l'opposition dynastique et constitutionnelle, intelligente et populaire, une large part dans leur confiance ? Craignez-vous les républicains (et il y en a de fort bons, de fort distingués dans la Péninsule ibérique) ? ils seront d'autant plus à craindre, d'autant plus réellement redoutables, qu'ils auront plus raison contre vous. Pour les apaiser, pour les faire concourir généreusement à de généreux desseins, donnez-leur, donnez à tous la *chose publique*. Après tout, vous n'étoufferez jamais la conscience, vous n'anéantirez pas les grandes aspirations des cœurs; vous ne briderez pas l'essor de la pensée; vous n'arrêterez pas le cours des événements. Il y a une force des choses qui s'impose : il vous est loisible et possible de la pressentir, de la diriger, de la canaliser, si je puis dire, en vous éclairant vous-mêmes constamment sur les vrais besoins, en choisissant toujours, à la façon du Parlement anglais, des *leaders* habiles et bien inspirés pour y répondre, et pour cimenter ainsi l'union si désirable du peuple et de ses conducteurs et notamment du pouvoir exécutif.

Vous venez de le tenter (et, à vrai dire, les lignes qui précèdent étaient écrites avant, dès mon retour de Lisbonne), dans la crise ministérielle qui, au 8 février 1881 a porté au pouvoir M. Sagasta et le ministère qu'il a réussi à former en vingt-quatre heures, pour succéder à celui de M. Canovas del Castilla, trop habile à fomenter, à exploiter, au grand détriment de la chose publique, les divisions malheureuses si faciles à naître et à se multiplier dans votre beau pays. C'est une défaite pour l'absolutisme, et le roi sera le premier, je le crois malgré les Cassandres, après la nation, à s'en bien trouver; car, pour faire le bonheur de sa noble patrie, il ne peut aujourd'hui, après tant d'expériences chèrement payées avant lui, vouloir de l'absolutisme non plus que de l'ingérence étrangère. Mais souffrez que vous le dise un homme

Qui n'est rien,
Pas même académicien,

mais qui aime, ô Espagnols, votre caractère et votre pays : ce n'est là qu'un commencement ; c'est un point de départ qui vous oblige à fournir la carrière et à toucher le but, le but toujours proche et toujours éloigné, le *progrès* enfin que l'on doit poursuivre sans cesse et que l'on atteint chaque jour, *Deo favente,* grâce au travail, à la persévérance et à la bonne volonté.

En parlant ainsi, je n'oublie pas un instant le proverbe: *Médecin, guéris-toi toi-même,* et je me permets de nous l'appliquer à nous-mêmes, Français, qui avons, beaucoup entrepris et qui espérons davantage encore.

Mais je m'aperçois que je m'oublie : Et qui suis-je pour oser donner de si hauts conseils ? J'ai commencé ma relation par l'*humour* le plus familier, et je termine par une péroraison gouvernementale ! Assurément, je m'égare... Pardon, lecteur, et adieu. Ma tâche est finie; mon ambition était de vous intéresser:

Si de vous agréer je n'emporte le prix,
J'aurai du moins l'honneur de l'avoir entrepris.

Paris, ce 22 octobre 1881.

FIN

TABLE DES MATIÈRES

Pages.

Le Mans. — Typ. Ed. Monnoyer. — 1882.

www.ingramcontent.com/pod-product-compliance
Ingram Content Group UK Ltd.
Pitfield, Milton Keynes, MK11 3LW, UK
UKHW020158250726
13967UKWH00003B/1126